职业教育家具设计与制造专业教学资源库建设项目配套教材

家具
制图与CAD

王明刚　黄及新　编著

中国轻工业出版社

图书在版编目（CIP）数据

家具制图与CAD / 王明刚，黄及新编著. —北京：中国轻工业出版社，2025.6

ISBN 978-7-5184-2940-0

Ⅰ. ① 家… Ⅱ. ① 王… ②黄… Ⅲ. ①家具—制图—AutoCAD软件—职业教育—教材 Ⅳ. ① TS664-39

中国版本图书馆CIP数据核字（2020）第054695号

责任编辑：陈　萍　　责任终审：李建华　　整体设计：锋尚设计
策划编辑：陈　萍　　责任校对：吴大朋　　责任监印：张　可

出版发行：中国轻工业出版社（北京鲁谷东街5号，邮编：100040）
印　　刷：三河市国英印务有限公司
经　　销：各地新华书店
版　　次：2025年6月第1版第4次印刷
开　　本：787×1092　1/16　印张：8.75
字　　数：240千字
书　　号：ISBN 978-7-5184-2940-0　定价：39.00元
邮购电话：010-85119873
发行电话：010-85119832　　010-85119912
网　　址：http://www.chlip.com.cn
Email：club@chlip.com.cn

250916J2C104ZBW

职业教育家具设计与制造专业
教学资源库建设项目配套教材编委会

前言

家具制图与CAD操作是家具设计人员必须具备的基本知识和技能，主要培养根据家具设计构思方案描绘家具造型或家具零部件形状、大小、精度等生产技术信息的能力。家具构思需要图样记录与保存瞬间设计灵感；设计新家具过程中不停地优化与深入都需要根据图样进行分析讨论；家具放样需要根据图样进行考查、分析、讨论；家具制造需要技术图样文件指导加工过程，所以家具制图是家具设计、生产、安装的技术信息语言。“家具制图与CAD”是家具设计与制造专业的核心课程，通过学习正投影基本理论，掌握绘制和阅读家具图样的要领和方法，培养学生绘图和读图的基本技能和空间想象能力，能对设计草图或效果图模型进行考查和分析后，用AutoCAD软件正确绘制家具生产所需要的基本视图、斜视图、局部图、剖视图、局部详图、零部件图、透视图。同时培养学生创新、沟通协调、分析与解决问题等能力和耐心、细致的工作态度，这也是学生学习后续课程、完成课程设计与毕业设计不可缺少的基础。

本教材以实用、够用为原则，从设计、生产、安装所必需的知识和技能出发选择内容，融入笔者多年家具企业的工作经验，并且与现代家具企业设计、生产一线的专家一起合作，使内容更为全面系统，内容、图样的选用与讲解紧贴实际。全书内容理论密切联系实际，图文并茂，易于理解，便于掌握。

本教材的出版得到了顺德职业技术学院罗丹副校长、姚美康院长、干珑、王荣发等老师的大力支持，龙江职业技术学院黄及新老师、东莞职业技术学院潘速圆和江功南老师、顺德职业技术学院黄嘉琳、冯奕嘉和罗永贤老师参与了编写工作，顺德职业技术学院家具艺术设计专业学生陈权威、陈茵婷担任了本书的部分图表绘制工作，在此一并表示衷心感谢。同时也向所有支持本书编写工作、提供素材的单位与个人表示谢意。

由于时间仓促以及本人学识和经验的局限，书中难免存在不完善之处，敬请读者不吝赐教。衷心希望这本书能成为广大读者的良师益友。

王明刚

2020年2月

课时安排

（建议 120 课时）

课 程	课 时
学习情境一　制图的基本准备	6
学习情境二　正投影法基础	16
学习情境三　体的投影	16
学习情境四　立体的裁切与相交	20
学习情境五　家具图样的常用表达方法	18
学习情境六　CAD 绘制二维图形	20
学习情境七　编辑图形对象	12
学习情境八　绘图设置与图形输出	12

目录

学习情境六 CAD绘制二维图形 049

学习情境七 编辑图形对象 077

学习情境一

制图的基本准备

6 课时

学习目标

知识目标

1 了解手工制图工具和仪器，介绍现代计算机制图方法及优越性。

2 掌握制图标准：图纸幅面、标题栏、比例、字体、图线种类及画法、尺寸标注基本规定。

3 了解常用几何作图方法。

能力目标

1 具备资料学习和吸收能力。

2 能够简单手绘制图。

3 能正确认知各种图纸幅面。

4 能准确绘制各种标题栏。

课前学习 了解“家具制图与CAD”课程

本课程是家具设计与制造专业的核心课程，主要培养学生根据家具设计构思方案描绘家具造型或家具零部件形状、大小、精度等生产技术信息的能力。通过学习正投影基本理论，掌握绘制和阅读家具图样的要领和方法，培养学生绘图和读图的基本技能和空间想象能力，能对设计草图或效果图模型进行考查和分析后，用AutoCAD软件正确绘制家具生产所需要的基本视图、斜视图、局部图、剖视图、局部详图、零部件图、透视图。它也是学生学习后继课程和完成课程设计与毕业设计不可缺少的基础。

课中学习 制图的基本知识

一、制图的基本规定

制图基本规定

任何图样对于它的管理与画法等都有相应的规定，只有严格执行这些规定，图样才不至于因查找困难，特别是被错误理解而造成经济上、时间上的重大损失。家具制图有关标准的介绍依据我国家具行业目前执行的轻工行业标准《QB/T 1338—2012家具制图》规定。

（一）图幅与图标

根据制图标准，图纸应优先采用表1-1所规定的基本幅面，各幅面之间的尺寸关系如图1-1与表1-1所示。表1-1中图纸幅面之间的尺寸关系如图1-1（a）所示，各项参数具体含义如图1-1（b）（c）所示。

表 1-1　图纸基本幅面尺寸　单位：mm

<table>
<tr><th>幅面代号</th><th>尺寸 B×L</th><th>a</th><th>c</th><th>e</th></tr>
<tr><td>A0</td><td>841×1189</td><td rowspan="5">25</td><td rowspan="3">10</td><td rowspan="2">20</td></tr>
<tr><td>A1</td><td>594×841</td></tr>
<tr><td>A2</td><td>420×594</td><td rowspan="3">10</td></tr>
<tr><td>A3</td><td>297×420</td><td rowspan="2">5</td></tr>
<tr><td>A4</td><td>210×297</td></tr>
</table>

从表1-1中可以看出，相邻代号幅面其面积相差一半，0号图纸对折为1号图纸，1号对折为2号，2号对折为3号，3号对折为4号。

为了合理使用图纸和便于装订与管理，应优先采用表1-1所规定的基本幅面。在特殊情况下，也允许选用表1-2和图1-2所规定的加长幅面。这些幅面的尺寸是由基本幅面的短边成整数倍增加后得出的。

表 1-2　加长幅面图纸尺寸　单位：mm

幅面代号	A3×3	A3×4	A4×3	A4×4	A4×5
尺寸 B×L	420×891	420×1189	297×630	297×841	297×1051

（二）图框格式

图纸以图框为界，图框线到图纸边缘的距离如表1-1与图1-1（b）（c）所示。图框的形式有两种：留装订边，且装订边在左边，如图1-3所示；还有一种不留装订边的图纸，其图框格式如图1-4所示。一般A0~A3图纸宜采用横式，必要时可采用立式，但同一产品图样只能采用一种格式。

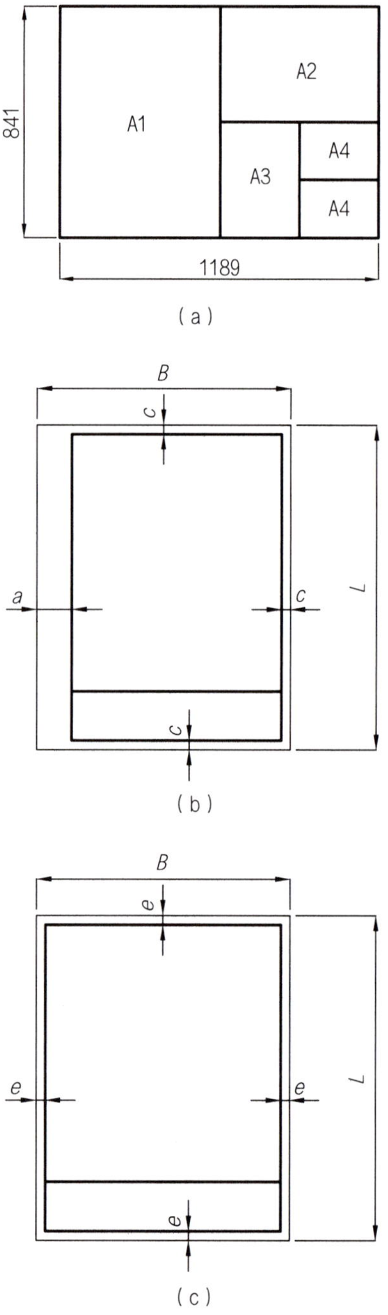

图1-1　各基本幅面图纸之间的关系

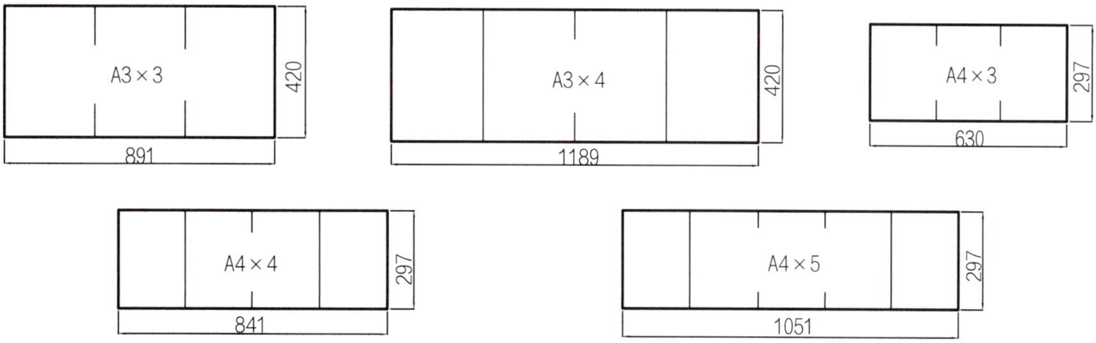

图1-2 加长图纸幅面尺寸

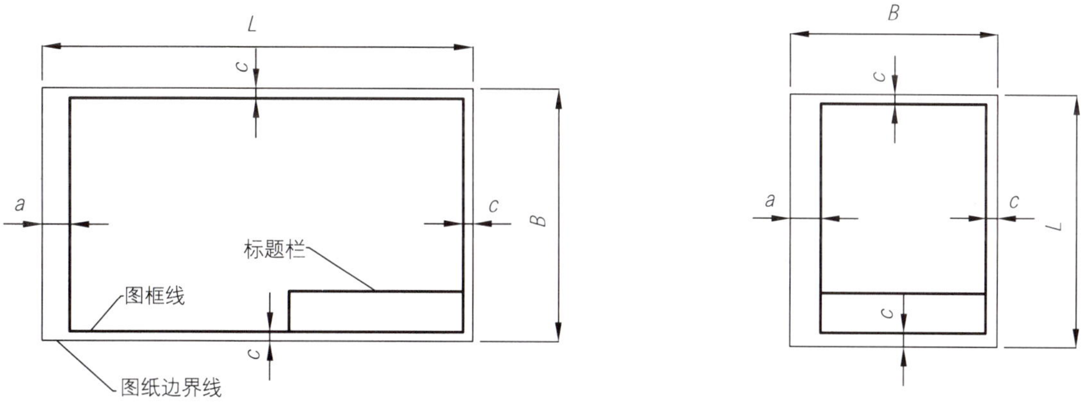

图1-3 留装订边的图纸

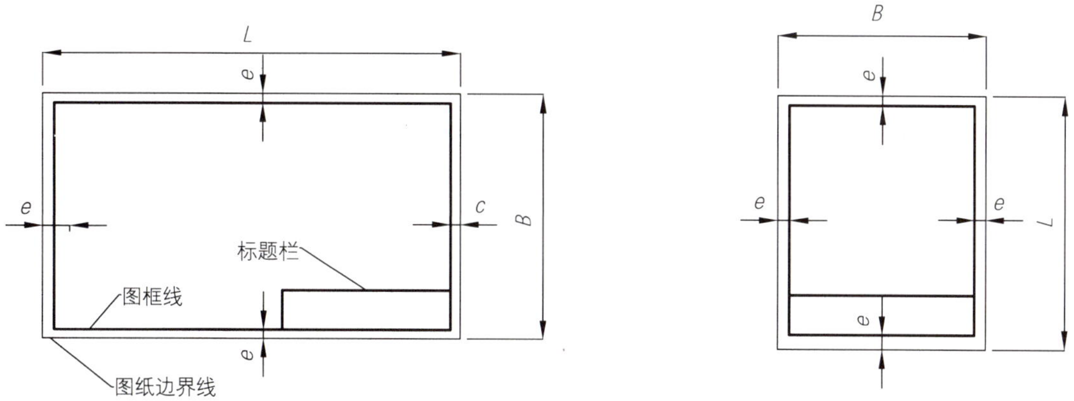

图1-4 不留装订边的图纸

（三）标题栏与会签栏

图纸的标题栏（简称图标）在图框的右下角，栏内应有家具名称、图号、图名、设计单位以及设计人、制图人、审批人的签名等内容，以便查阅图纸和明确技术责任。

图纸标题栏的一般形式和尺寸如图1-5所示。家具制图标准依据国家规定精神，结合本行业生产实际推荐有两种标题栏格式，如图1-5和图1-6所示。

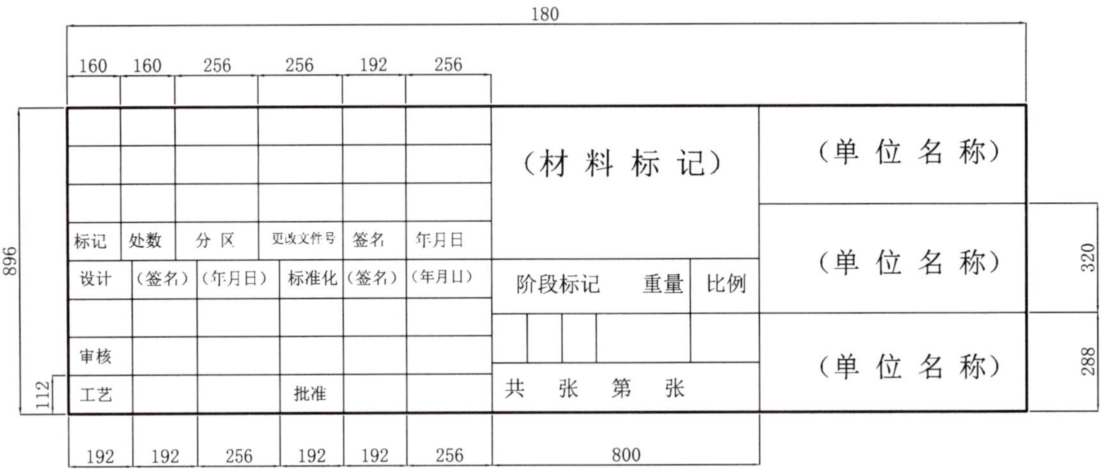

图1-5 家具制图标题栏参考格式一

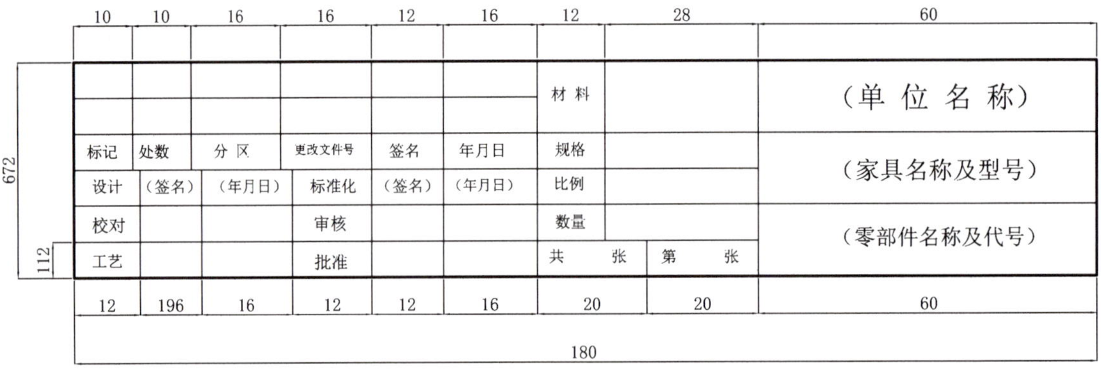

图1-6 家具制图标题栏参考格式二

会签栏是图纸会审后签名用的，栏内填写会签人员所代表的专业、姓名、日期。不需要会签的图纸可不设会签栏。

（四）绘图比例

图样中图形与其实物相应要素的线性尺寸之比称为比例。即比例=图形大小：实物大小。

比例采用阿拉伯数字表示，其大小是指比值的大小，例如1：10大于1：50。例如某一个家具部件的实际尺寸为长15mm、宽30mm，在图纸上画成15mm长、30mm宽，这个图形的比例就是1：1。若画成7.5mm长、15mm宽，图形的比例就是1：2。反之，若将图形画得比实物放大一倍，长30mm、宽60mm，图形的比例就是2：1。

比例有三种类型：比值为1，即比例为1：1的称为原值比例，如图1-7（b）所示；比值大于1，即比例为2：1等的称为放大比例，如图1-7（a）所示；比值小于1，即比例为1：2等的称为缩小比例，如图1-7（c）所示。

无论图形比例大小，尺寸总是按实际大小进行标注，在同一图形内，尺寸标注的文字、箭头等不会因为比例大小而变化。

国家标准规定了各种制图比例的系列，见表1-3和表1-4。绘制图样时，优先选用表1-3中的比例。

国家标准对绘图比例还作了以下规定：

（1）在表达清晰、布局合理的条件下，尽量选用原值比例，以便直观地了解机件的形貌。

（2）在绘制同一机件的各个视图时，尽量采用相同的比例，并将其标注在标题栏的比例栏内。

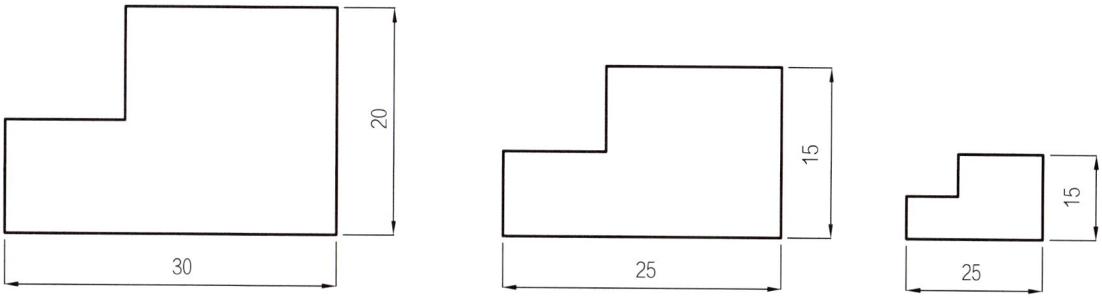

（a）　　（b）　　（c）

图1-7　比例与尺寸的关系

（a）比例为2：1　（b）比例为1：1　（c）比例为1：2

表1-3　常用比例

种类	比例		
原值比例	1：1		
放大比例	5：1 5×10^n：1	2：1 2×10^n：1	1×10^n：1
缩小比例	1：2 1：（2×10^n）	1：5 1：（5×10^n）	1：10 1：（1×10^n）

表1-4　可用比例

种类	比例				
放大比例	4：1 4×10^n：1	2.5：1 2.5×10^n：1	—	—	—
缩小比例	1：1.5 1：（1.5×10^n）	1：2.5 1：（2.5×10^n）	1：3 1：（3×10^n）	1：4 1：（4×10^n）	1：6 1：（6×10^n）

（3）当图样中的个别视图采用了与标题栏中不相同的比例时，可在该视图名称的下方或右侧标注比例。

（4）不管用哪种比例绘制图形，图中的尺寸均应按照实物的实际大小进行标注。

（五）图线

绘制家具图样时，常常根据不同内容采用各种不同的线型和粗细的图线，使家具图样的内容能够主次分明、构图美观且清晰易懂，不同的线型、粗细的图线分别表示不同的意义，具有相对应的用途。各种图线及用途均应按照国家标准《家具制图》规定执行。

图线的宽度应从表1-5规定线宽系列中选取：0.18，0.25，0.35，0.5，0.7，1.0，1.4，2.0mm。家具图样的图线参照表1-5或按《家具制图》绘制。

每个图样，应根据复杂程度与比例大小，先确定基本线宽b，再选用表1-6中适当的线宽组。在同一张图纸中，采用相同比例绘制的各个图样，应该选用相同的线宽组。家具制图常见的线宽有0.1，0.2，0.3，0.6，0.9mm等。

图纸的图框线和标题栏线的宽度应随图纸幅面的大小而不同，可采用表1-7中的线宽。

直线相接，有严格的规定，不能出头、不能断开，表1-8列出了正确的画法。

表 1-5　图线的线型、粗细的示例与用途

图线名称	图线型式	图线宽度
实线		*b*（0.25~1mm）
粗实线		1.5*b*~2*b*
虚线		*b*/3 或更细
粗虚线		1.5*b*~2*b*
细实线		*b*/3 或更细
点划线		*b*/3 或更细
双点划线		*b*/3 或更细
双折线	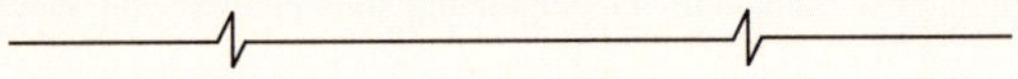	*b*/3 或更细
波浪线		*b*/3 或更细（徒手绘制）

表 1-6　制图线宽比　　单位：mm

线宽比	线宽					
b	2.0	1.4	1.0	0.7	0.5	0.35
0.5*b*	1.0	0.7	0.5	0.35	0.25	0.18
0.35*b*	0.7	0.5	0.35	0.25	0.18	—

表 1-7　图框线和标题栏线的宽度　　单位：mm

幅面代号	图框线	标题栏外框线	标题栏分割线、会标签线
A0、A1	1.4	0.7	0.35
A2、A3、A4	1.0	0.7	0.35

表 1-8　直线相接画法

	正确	不正确
两直线相接		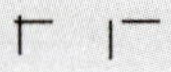

注意：虚线的每一小段长度为4~6mm，间隙为1mm左右；点划线的点及空隙都是1mm左右；计算机绘图时一般有各种线型与宽度可供选择，只需要设置线型与线宽即可。

（六）字体

家具图样中除了用视图表示家具的形状、装配结构外，还要用文字和数字说明家具生产加工的技术要求和大小。《家具制图》对图样中的汉字、拉丁字母、希腊字母、阿拉伯数字、罗马数字的形式作了规定。图样上所注写的汉字、数字、字母必须做到：字体工整，笔画清楚，间隔均匀，排列整齐。这样要求的目的是使图样清晰，文字准确，便于识读，便于交流，为生产和科研带来方便。

字体的字号规定了八种：20，14，10，7，5，3.5，2.5，1.8。字体的号数即字体高度，如10号字，字高为10mm。字体的宽度一般是字体高度的2/3左右。字高与字号的具体参数见表1-9。

表 1-9　各字号的字高与字宽　单位：mm

字号	5 号	7 号	10 号	14 号
字高 × 字宽	5×3.5	7×5	10×7	14×10

1. 汉字

汉字应写成长仿宋体字，并应采用公布推行的《汉字简化方案》中规定的简化字。汉字的高度 h 应不小于3.5mm，其字宽一般为$h/\sqrt{2}$。

2. 数字

图纸中表示尺寸的数字均采用阿拉伯数字书写，计量单位应符合国家颁布的有关规定。数字在标准中规定有一般字体和窄字体两种，其中又有直体和斜体两种，常用的是斜体字，从字的底线逆时针向上倾斜75°。

在表示分数时，应注意不能将汉字与数字混合书写，如三分之二应写成2/3，不得写成3分之2；百分之四十应写成40%，不得写成百分之40等。

3. 字母

字母与数字相同，有直体和斜体两种，不同的是字母有大小写之分。字母和数字都用等线体书写。

（七）尺寸标注

图形只能反映物体的结构形状，物体的真实大小要靠所标注的尺寸来体现，如图1-8所示。

尺寸标注

尺寸标注的基本规则：

（1）物件的真实大小应以图样上所注的尺寸数值为依据，与图形的大小（即所采用的比例）和绘图的准确度无关。

（2）图样（包括技术要求和其他说明文件）中的尺寸以毫米为单位时，不需要标注计量单位的代号或名称。如果采用其他单位，则必须注明相应计量单位的代号或名称。

（3）图样中所标注的尺寸为该图样所示机件的最后完工尺寸，否则应另加说明。

（4）机件的每一个尺寸一般只标注一次，并应标注在反映该结构最清晰的图形上。

家具制图标准中规定图样上尺寸标注一律以毫米（mm）为单位，图纸上不必注出。一个完整的尺寸一般由尺寸线、尺寸界线、尺寸起止符号及尺寸数字等尺寸要素组成，如图1-9所示。

尺寸线一般平行于所标注对象的度量方向，尺寸界线与之垂直，都用细实线画出。尺寸起止符号有箭头、圆点或用一与尺寸界线顺时针方向转45° 长2～3mm的细实线，现代绘图尺寸标注都由计算机标准程序自动生成，只需选择尺寸起止符号形式即可。尺寸界线从轮廓线引出，必要时轮廓线也可以为尺寸界线，如图1-10所示；尺寸数字一般应注写在尺寸线中部上方，也可将尺寸线断开，中间注写尺寸数字，其中垂直方向上尺寸数字一般应自下向上注写。也可水平书写，但要将尺寸线断开，尺寸数字写中间，如图1-11所示。

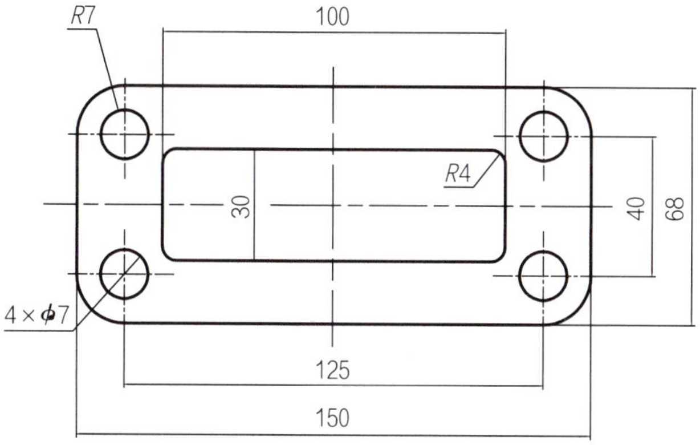

图1-8　尺寸标注图例

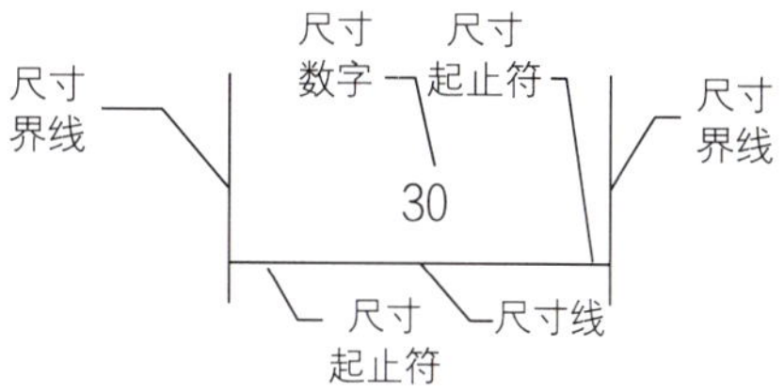

图1-9　尺寸的基本要素

当尺寸线处于不同方向时，尺寸数字的注写方法如图1-12所示。如图1-12（a）所示垂直方向偏左30°左右范围内，因尺寸数字易写颠倒，一般应避免在这种方向范围内注尺寸，不可避免时则断开尺寸线，在尺寸线中间水平写尺寸数字或用引线引出，如图1-12（b）所示。位置较小时数字的注写如图1-13所示。

角度尺寸的注法，一般用以角顶为圆心的圆弧尺寸线，两端起止符号用箭头表示，箭头的尾宽应大致与实线宽度相同。尺寸数字则一律水平书写，写在尺寸线中断处，如图1-14所示。

圆和大于半圆的圆弧均标注直径。直径以希腊字母“ϕ”作为符号。尺寸线指向圆弧线，尺寸起止符号用箭头表示，如图1-15所示。当标注直径尺寸线指向尺寸界线或轮廓直线时，仍用短斜线表示尺寸起止符号。

半圆或小于半圆的圆弧用半径标注，半径以字母“*R*”表示，如图1-16所示。半径尺寸的尺寸线必须指向圆弧，指向圆弧处必须带着箭头。标注半径尺寸时要注意尺寸线可长可短，但方向必须过圆弧圆心。

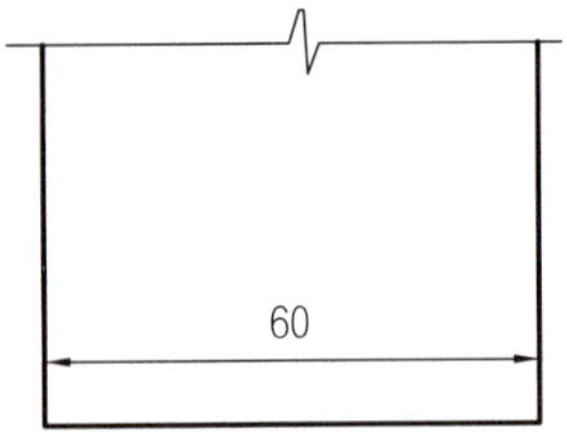

图1-10 尺寸界线

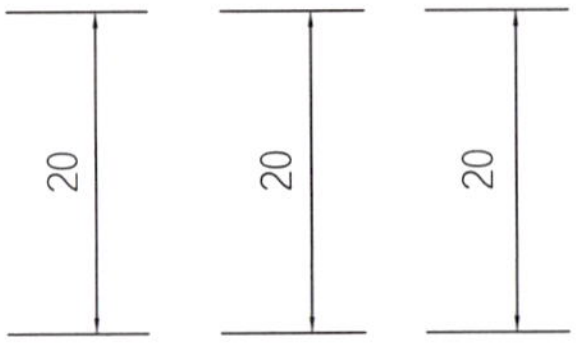

图1-11 尺寸数字样式

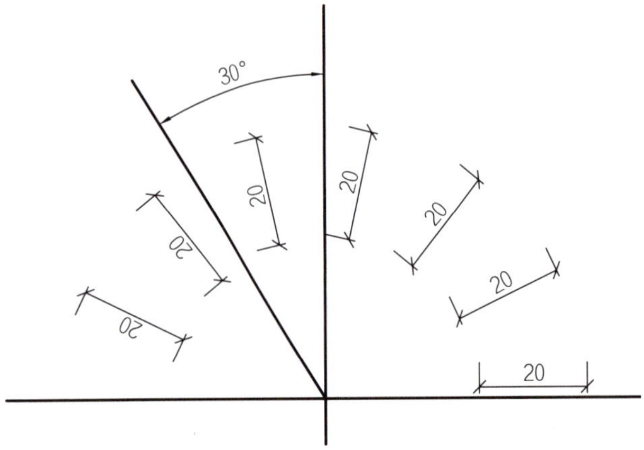

（a）

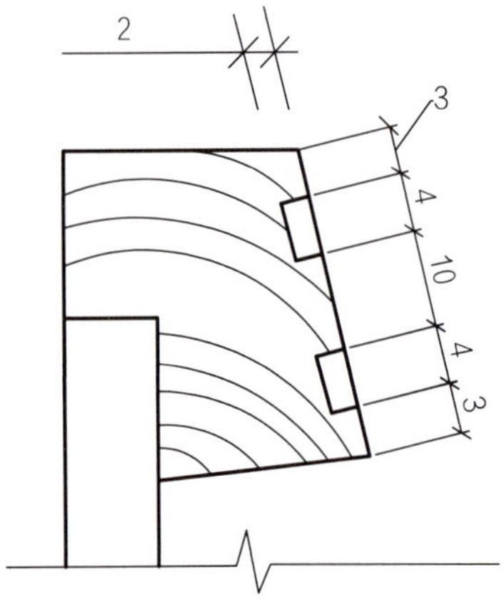

（b）

图1-12 尺寸线不同方向时数字标注

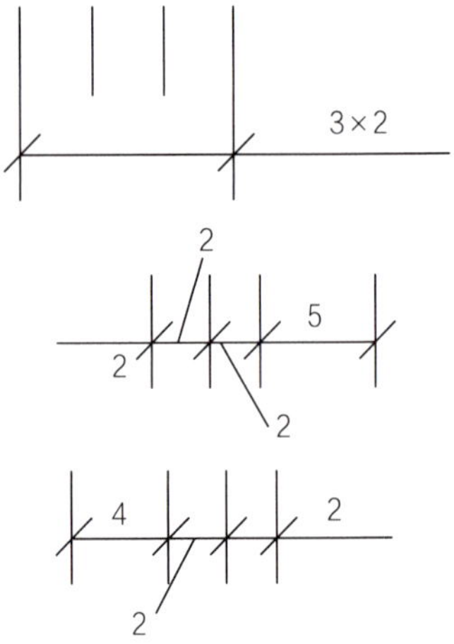

图1-13 位置较小数字注写

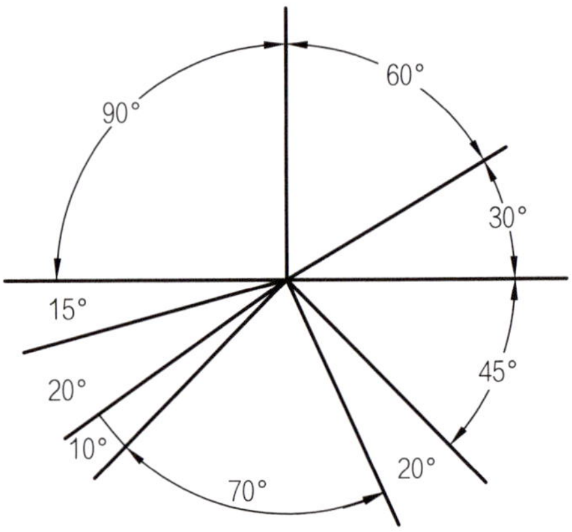

图1-14 角度标注

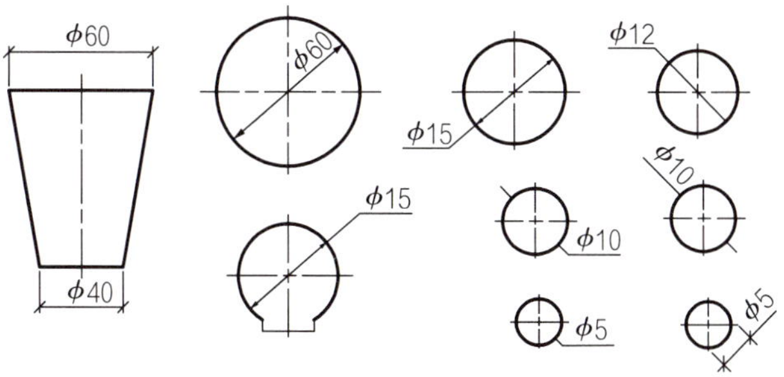

图1-15 圆和大于半圆的尺寸标注法

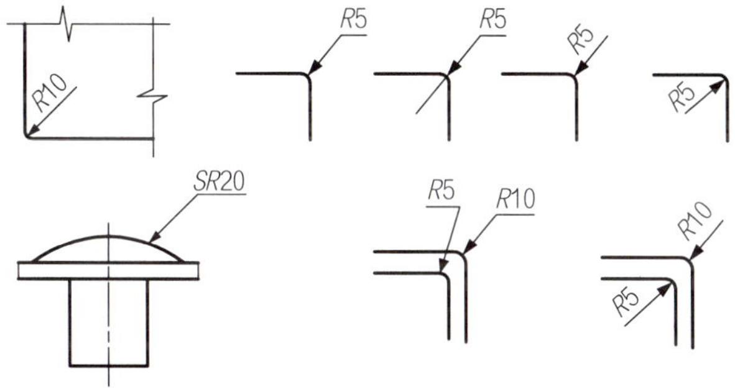

图1-16 半圆和小于半圆的尺寸标注法

二、尺规制图的工具

（一）传统手工制图工具

1. 图板和丁字尺

图板一般为长方形，采用空心板结构，板面通常采用平整光滑的胶合板，板的四周镶有平直的硬木边框，为丁字尺的导边。图板和丁字尺通常配合使用（见图1-17），丁字尺由有机玻璃等材料制成。丁字尺上面带有刻度尺，画图时，尺头内侧紧靠图板的导边，用左手推动丁字尺上下移动，移动到所需的位置，压住尺身，用右手由左至右画水平线。

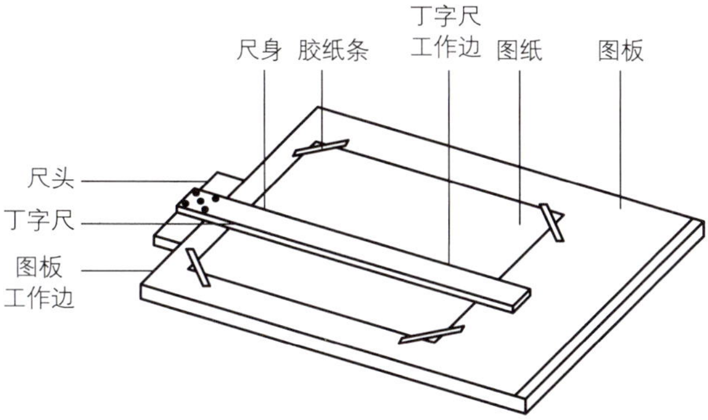

图1-17 图板和丁字尺

2. 三角尺

三角尺有45°等腰直角三角尺和30°、60°直角三角尺两种规格，与丁字尺配合使用可画出铅垂线及与水平线成15°、30°、45°、60°、75°等的倾斜线。注意三角尺使用时一定要与丁字尺紧密配合，以保证垂直线和角度的准确性。两块三角尺配合也可画出任意直线的平行线或垂直线。三角尺如图1-18所示。

3. 铅笔

绘图铅笔根据笔芯软硬度分为硬、中、软三种，标号有6H~H、HB、B~6B共13种。HB为中等硬度，H代表硬度，B代表软度。

铅笔应削成如图1-19所示的式样。

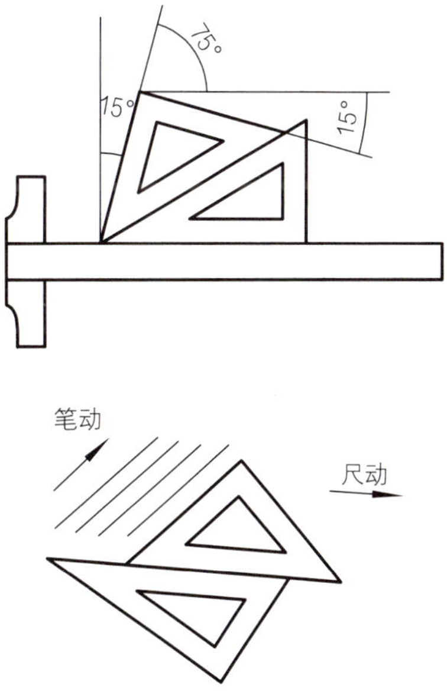

图1-18 三角尺

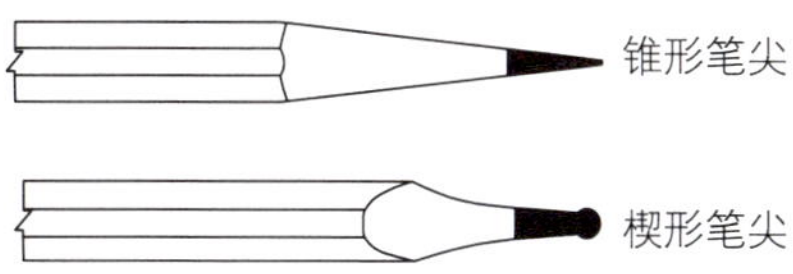

图1-19 铅笔

根据画线和写字的不同需要，可在砂纸上把笔芯磨成锥形或楔形，楔形容易控制线条的粗细，并可减少铅笔的消耗。使用铅笔绘图时，握笔要稳，用力要均匀。

4．圆规和分规

圆规主要用于画圆和描圆，分规主要用于量取线段等。由于计算机绘图与打印设备的普及，圆规、分规、针管笔等原来普遍使用的绘图工具由于使用不方便，在画草图时也越来越少用。

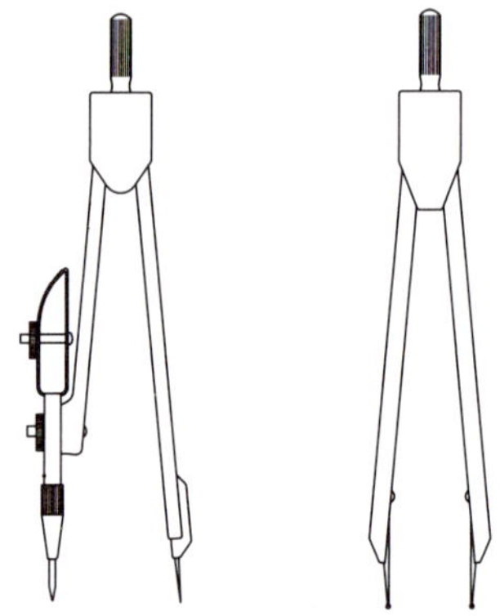

（a）　（b）

图1-20 圆规和分规

（a）圆规　（b）分规

（二）图纸

图纸分绘图纸和描图纸。绘图纸要求质地坚实而洁白，橡皮擦拭不起毛，画草图和沙发效果图需要，目前普遍使用；描图纸由于计算机绘图与打印设备的普及，目前很少使用。

（三）其他辅助用具

（1）橡皮，擦拭铅笔图线用软橡皮，擦拭墨线用硬橡皮。

（2）胶带纸，用于固定图纸。

（3）小刀，削铅笔用。

（4）各种制图模板。

三、尺规基本几何作图

家具以及组成家具的各个部分在图上一般是由各种几何图形构成的，本书介绍一些制图时常用的作图方法及部分几何图形的作图。

（一）直线等分

如图1-21（a）所示为几种直线段等分方法。已知线段长*AB*，其中图1-21（a）是用圆规画相同半径的圆弧，两个圆弧交点连线垂直二等分线段*AB*。图1-21（b）是分*AB*为五等份。先过*A*点任作一倾斜直线，用分规取五个等分段，然后终止端与*B*点相连，按次作一系列平行线与*AB*线相交，各交点即为所求等分点。如图1-21（c）所示为改分规为尺上刻度，画法完全一样。待作图有相当经验时，可直接在已知段*AB*上用分规试分，凭感觉大致确定等分段大小，在试分中调整一两次即可完成。

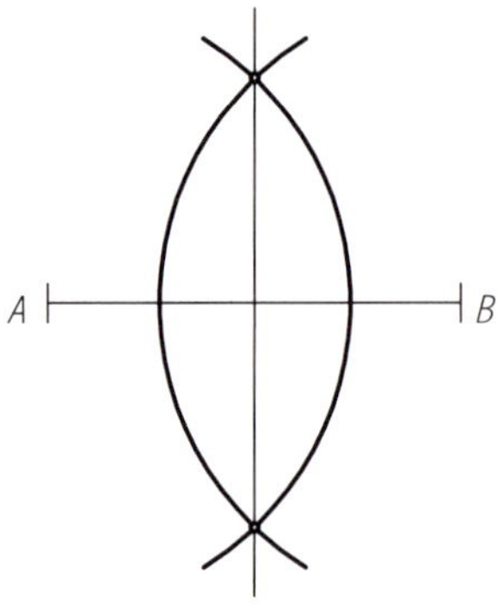

（a）

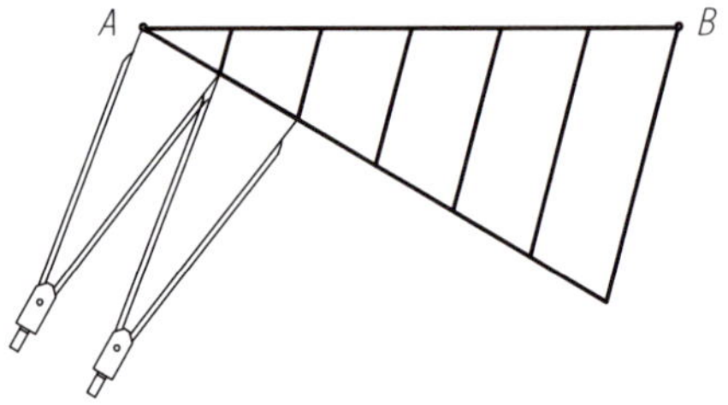

（b）

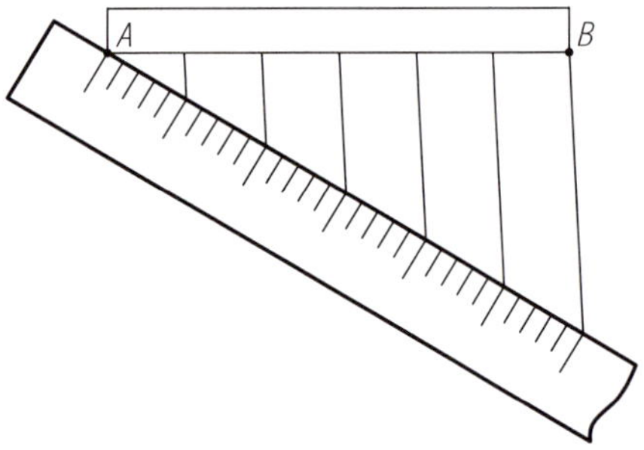

（c）

图1-21 直线段等分

（二）正多边形

1. 等边三角形和正方形

等边三角形和正方形利用丁字尺和三角板可便捷地画出，如图1–22所示，图中*a*、*b*为已知边长。

2. 正六边形

已知对边长*a*或对角长*b*画正六边形，如图1–23（a）（b）所示，即利用丁字尺和30°、60°三角板可直接画出，这样作图比用圆规画更准确、快捷。

3. 任意正多边形

这里任意正多边形是指作边数除三和四及其倍数外的正多边形，如五边形、七边形等。一般都用近似画法较方便易记。各种画法对不同边数的正多边形误差不一样。这里以作正五边形为例，介绍一种较易记住的作图方法，如图1–24所示。要求将已知正五边形外接圆分为五等份，图中画一过圆心的直线*O*5，以5点为圆心，*O*5长（即直径）为半径作圆弧，与过圆心的水平线交于*T*点。分*O*5直线为要求等分段，如图中为五等份，等分点如1、2、3等，连*T*2、*T*4并延长交圆弧上的两点即为圆周上两个等分点，其余各点可以此边长作出。

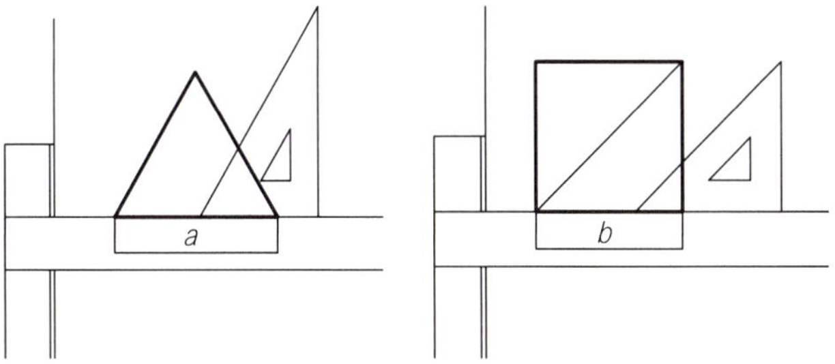

（a）　（b）

图1–22 等边三角形和正方形画法

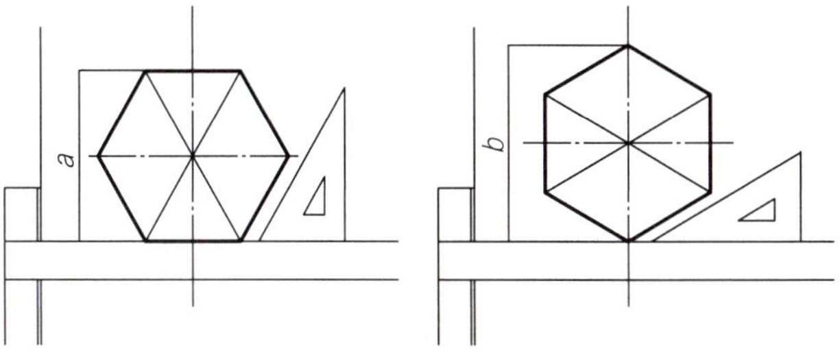

（a）　（b）

图1–23 正六边形画法

4. 已知边长作正多边形

以正五边形为例，如图1–25所示，已知*AB*为正五边形边长，现以*AB*为半径、*A*和*B*分别为圆心画圆，相交于*C*、*D*两点。连*CD*，再以*D*为圆心、*AB*长为半径作圆，交*CD*连线于*G*，交前两圆圆周于*E*和*F*点，连*EG*和*FG*，并分别延长与前两圆相交于*H*和*I*两点，这两点即为正五边形的另外两个顶点，再由*H*、*I*两点就可求出最后一点*J*，连接各点即完成作图。

5. 近似椭圆

如图1–26所示为已知椭圆的长轴*a*

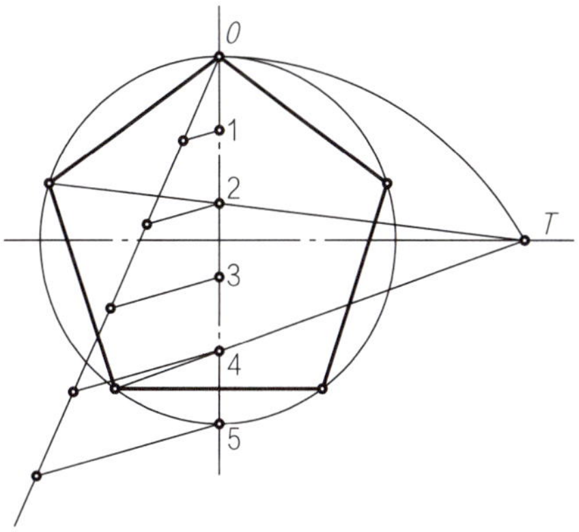

图1–24 正多边形画法

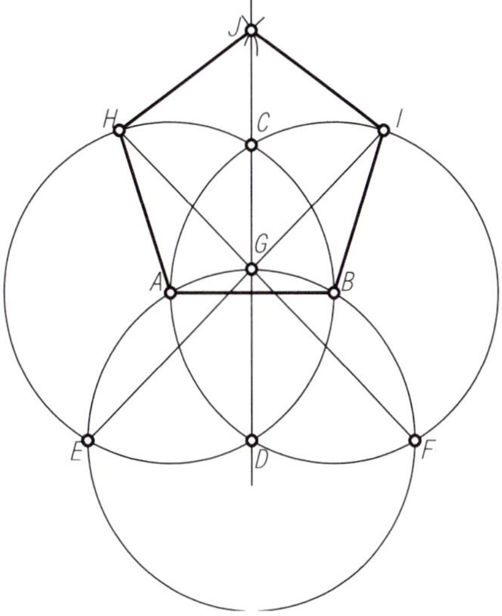

图1–25 已知边长作正五边形

和短轴b，用四个圆弧连接作近似椭圆的画法。具体画法是先画好相互垂直的两轴AB和CD，以O点为圆心，以OA为半径作圆弧，与OC延长线交于E点，连AC并在AC上取F点，使$CF=CE=OA-OC$。作AF的垂直二等分线交长轴于G点、交短轴于其延长线上H点，再在长短轴各对称位置上找到K和J点，这就是四个圆心位置。分别以这几点为圆心，以GM、KB和HC、JD为半径画圆弧，组成四心近似椭圆。大小圆心连线并延长交于圆弧上的即为大小圆弧的连接点。

6. 圆弧连接

（1）用已知半径圆弧连接两条直线

①当已知两直线方向成直角时，可如图1-27（a）所示作图，即延长两条直线，以其交点为圆心、已知半径R为半径作圆弧，再以此圆弧与已知直线的交点分别为圆心、以R为半径各点作弧，两弧相交交点即为所求圆心位置，第一个圆弧与两条直线的交点即为连接点或切点。

②如果两条直线成锐角或钝角位置，作图可如图1-27（b）（c）所示，即以半径R长为与已知直线的距离分别作平行线，两条平行线相交交点即为所求圆心。由圆心分别向两条直线作垂线，垂足即为连接点。

（2）用已知半径圆弧连接两圆弧

①外切连接：已知连接圆弧半径为R，欲以外切形式与两已知半径为R_1和R_2的圆弧连接，如图1-28（a）所示为已知条件，要求作出连接弧，即要求出圆心和连接点。方法是以O_1为圆心、R_1+R为半径作一段圆弧，再以O_2为圆心、R_2+R为半径作一段圆弧，两圆弧相交于O点，即为所求圆心，如图1-28（b）所示。连O和O_1、O和O_2，交已知圆弧于L_1、L_2点，即为连接点，如图1-28（b）所示，接着就可作连接弧，如图1-28（c）所示。

②内切连接：如图1-29所示，作法与外切连接基本相同，只是求圆心的两个相交圆弧半径分别是$R-R_1$和$R-R_2$，其余作法相同。

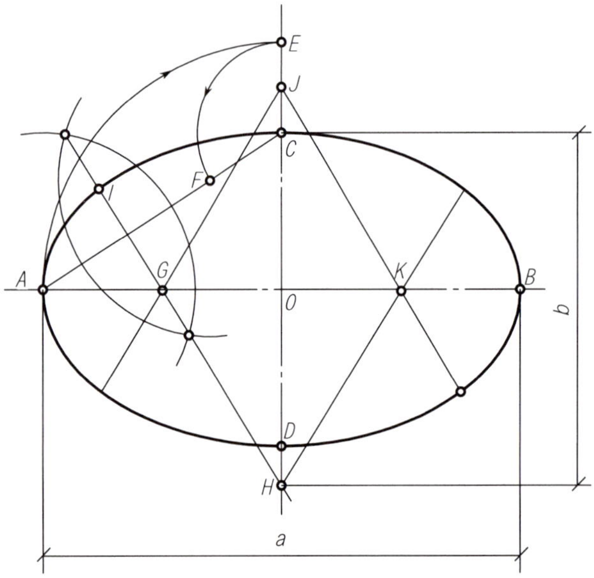

图1-26 四心近似椭圆画法

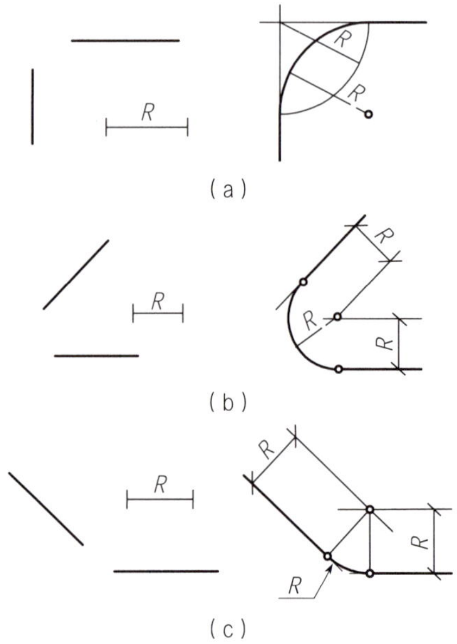

图1-27 用圆弧连接两条直线

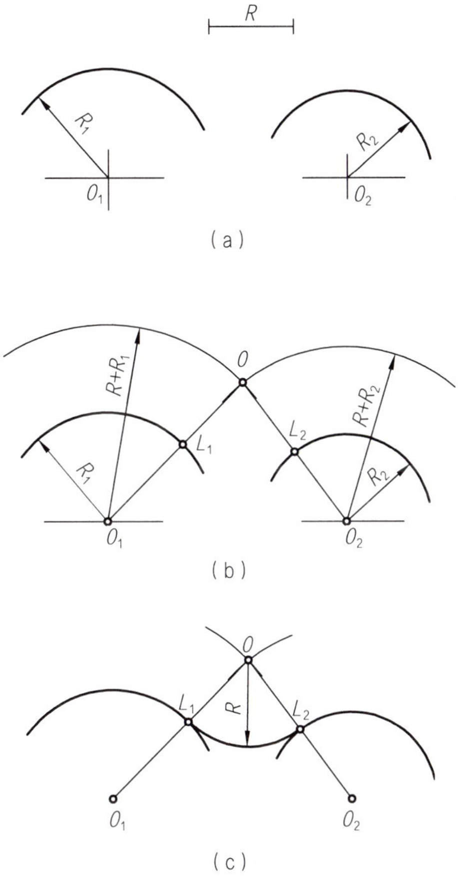

图1-28　圆弧外切连接

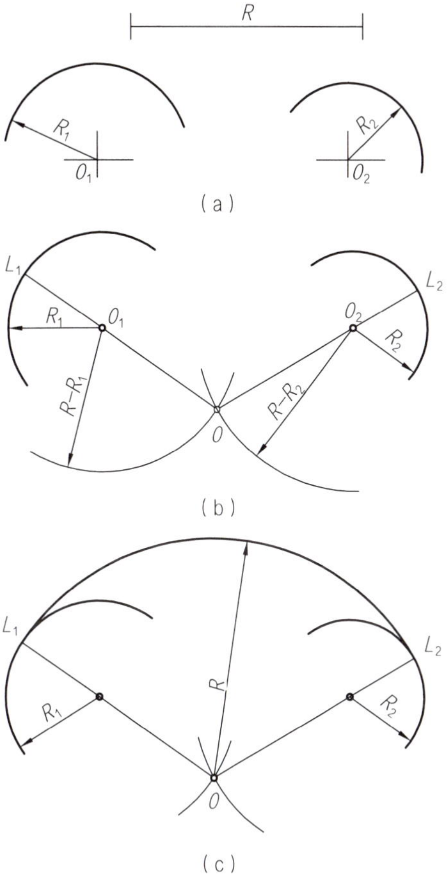

图1-29　圆弧内切连接

课后拓展

一、徒手绘制草图的方法

除了用绘图工具绘制正式图样外，有时还需绘制各种技术草图，用以表达诸如设计开始阶段的初步设想、方案讨论与优化时的修改建议、参观时的所见所闻；现代沙发的设计由于尺寸不会非常精确，目前也大都采用草图进行设计构思并指导生产。

徒手绘图一般不使用绘图工具，主要是熟悉掌握好徒手绘制各种图线的手法和目测方法。但是在完善阶段或时间充裕时可以借助部分使用方便的工具完成徒手不容易完成的图形，如圆形、云形曲线以及正多边形等。

二、计算机绘图

计算机绘图就是将图形信息输入计算机，进行存储处理后，通过图形输出设备输出，实现显示或绘制出各种图形。随着计算机技术的普及和发展，计算机绘图将逐步取代传统的手工尺规作图，并逐步与计算机辅助设计（简称CAD）和计算机辅助制造（简称CAM）紧密结合，逐步实现设计、制图与制造的自动化。

利用计算机绘图软件绘制家具图，可以画出整洁美观的图形，从而使设计工作规范化、标准化。熟练地运用计算机绘图软件，还能极大地提高绘图效率，也是培养设计现代化技能的需要。然而要想用计算机快速准确地绘制家具图形，必须首先熟练地掌握一种绘图软件，即AutoCAD。

学习情境二

正投影法基础

16 课时

学习目标

知识目标

1 了解家具产品开发不同阶段的图纸内容与图纸要求。

2 学习家具设计透视草图、视图草图，记录设计构思，表达家具外形轮廓。

3 能绘制家具零部件图，表达家具零部件的形状尺寸、结构，指导家具零部件的生产。

能力目标

1 能绘制家具设计透视草图。

2 能绘制家具设计视图草图。

3 能绘制家具设计图。

4 能绘制准确的家具零部件三视图。

素质目标

1 明确职业岗位的范围，不断提高自身职业能力。

2 培养分析问题和解决问题的能力。

课前学习 投影的形成及常用的投影方法

一、投影的形成

投影法是各种图示法的基础，是光线照射空间物体，在平面上产生的影像图形进行理性抽象的结果。日常生活中，一个物体在灯光照射下，地面上形成一个影子，这就是投影的原始形象。人们发现，不同的物体影子不同，通过影子大家也能大致辨别出是什么物体，于是人们根据生产活动的需要，对投影现象经过科学的抽象，总结出影子和物体之间的几何关系，逐步形成了投影法。

常用的投影方法及投影的形成

二、常用投影方法

根据投影光源光线的不同，投影法分为两大类：中心投影法和平行投影法。

1. 中心投影法

如图2-1所示，将三角板放置在点光源S（又称投影中心）和投影面H之间，则$\triangle ABC$因光线照射在H面形成投影$\triangle abc$，$\triangle abc$称为空间$\triangle ABC$平面的中心投影。改变空间$\triangle ABC$与投影中心S或投影面H之间的距离，则所得投影$\triangle abc$的大小都将随着距离的变化而发生变化，由此可知中心投影不能真实反映空间几何原形，在家具图样中较少使用。但由于采用中心投影法原理绘制的透视图接近视觉反映，直观性强，是绘制家具以及建筑物常用的一种图示方法。像这样所有的投射线都汇交于一点的投影方法称为中心投影法。

采用中心投影法绘制的图形具有较强的立体感，在建筑外形设计中经常使用。但分析可知，改变物体与光源的距离则物体投影的大小将变化，它不能反映物体的真实形状和大小。

2. 平行投影法

在日常生活中，我们常常看到类似平行投影的现象，如人在太阳光照射下在地面形成的影子，只要是时间不变或相隔很短的时间内，人的移动不会改变影子的形状和大小。这种所有的投射线都相互平行的投影方法称为平行投影法，如图2-2所示。在平行投影法中，由于投射线相互平行，若平行移动形体使形体与投影面的距离发生变化，形体的投影形状和大小均不会改变，具有度量性，这是平行投影的重要特点。

根据投射线与投影面的关系，平行投影法又分为斜投影法和正投影法（又叫垂直投影法），如图2-3所示。

（1）正投影法。投射线与投影面垂直的平行投影法，如图2-3（a）所示。

（2）斜投影法。投射线与投影面倾斜的平行投影法，如图2-3（b）所示。

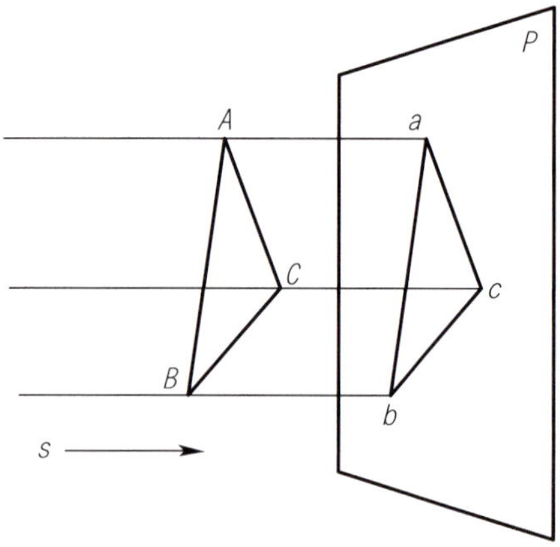

图2-2 平行投影法

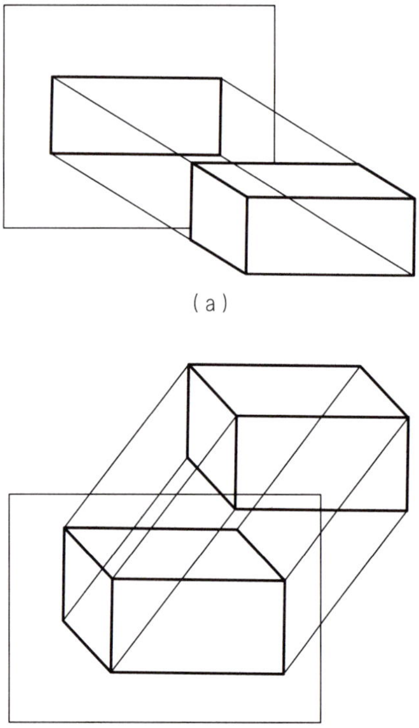
（a）

（b）

图2-3 正投影法和斜投影法

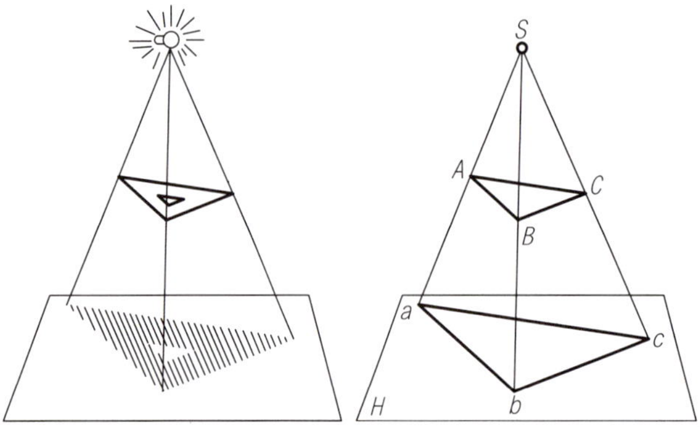

（a） （b）

图2-1 中心投影法

三、正投影的投影特性

正投影是我们研究的主要内容，根据正投影投影方法的特点，投影线相互平行且垂直于投影面，当被投影的物体与投影面位置改变时，投影不会发生改变，因此，研究和掌握它的一些基本性质是十分必要的。我们今后的投影作图，都是以下述基本性质为根据的。

1. 实形性

如果平面平行于投影面，则投影反映平面的实形，如图2-4（a）所示。同理，一条直线如果平行于投影面，则其投影反映该直线的实长，如图2-5（a）所示。

2. 积聚性

当直线或平面垂直于投影面时，它在所垂直的投影面上的投影为一个点或一条直线，我们称正投影的这种性质为积聚性，如图2-4（b）和图2-5（b）所示。

3. 类似性

当空间直线或平面倾斜于投影面时，它在该投影面上的正投影仍为直线或与之相似的平面图形，其投影的长度变短或面积变小，这一性质为类似性，如图2-4（c）和图2-5（c）所示。

四、三视图的形成及其投影关系

（一）立体的正投影

用前面叙述的正投影特性来画一立体的投影，如图2-6所示。令立体的表面处于与投影面平行或垂直的位置，结果由于实形性和积聚性的正投影特性，就可以得出立体的一个正投影。

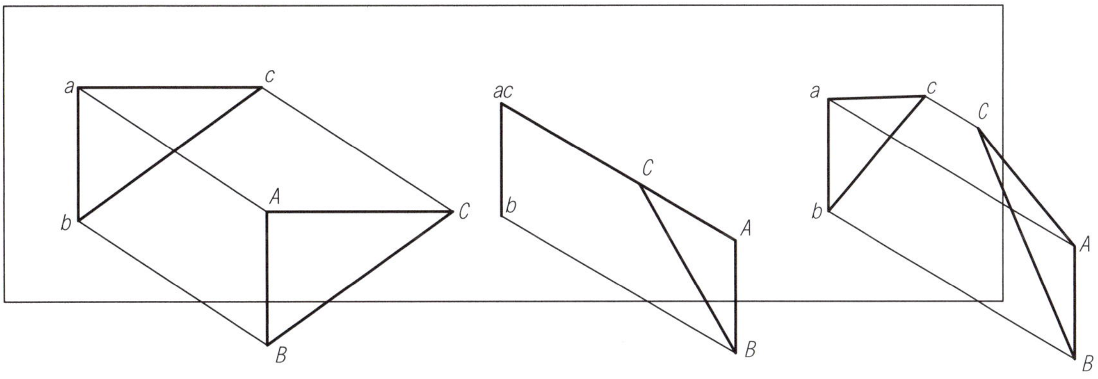

（a）　（b）　（c）

图2-4 不同位置平面的正投影特性

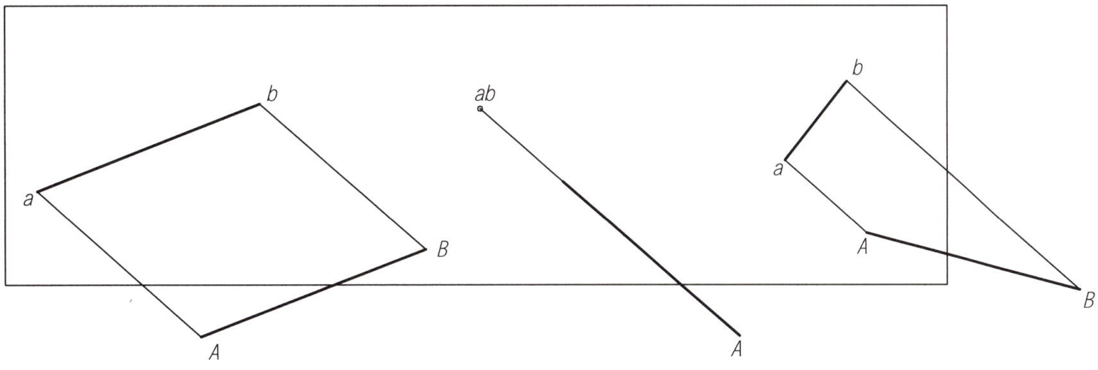

（a）　（b）　（c）

图2-5 不同位置直线的正投影特性

投影所要解决的问题是给定物体能够得到物体的投影，或者是给定投影能够从投影得出物体的形状。当投影三要素确定后，物体的投影是可以唯一确定的，反之却不一定成立。一般情况下，物体的一个正投影仅反映该物体的正面的形状，而该物体的顶面、侧面等形状及其宽度均未表达出来。所以，在制图图样中，为了准确、完整、清晰地表达物体的形状和大小，一般采用多面视图表达。设置视图的多少，根据物体的复杂程度而定。

如图2-7所示，正投影图中一个视图不能确定物体的形状和大小。如果再增加一个投影面（水平面），表达就清楚了一些，如图2-8所示。

用同样方法再引入一个侧立投影面W，使其与原来的V面、H面都垂直。与H和V投影面的交线分别称为OY投影轴和OZ投影轴，以下简称为Y轴和Z轴，如图2-9所示。这时立体再向W面作正投影得到立体的侧面投影，然后旋转H面、W面，与V面处于同一平面，即为如图2-10所示展开图。其中W面是绕OZ轴旋转的，由此OY将一分为二，假

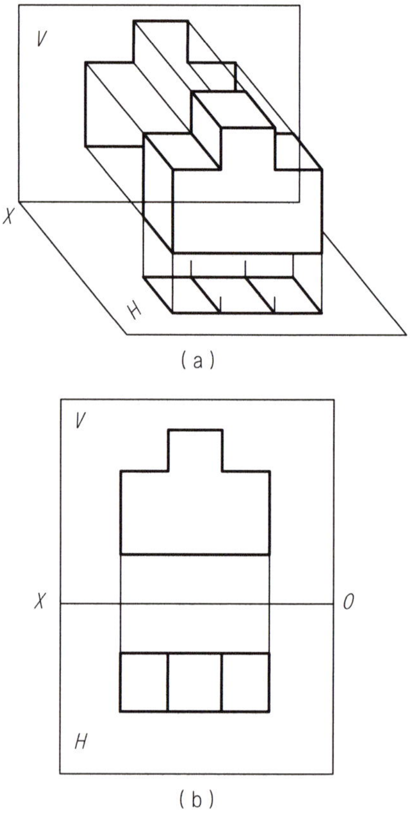

图2-8 立体的两个投影

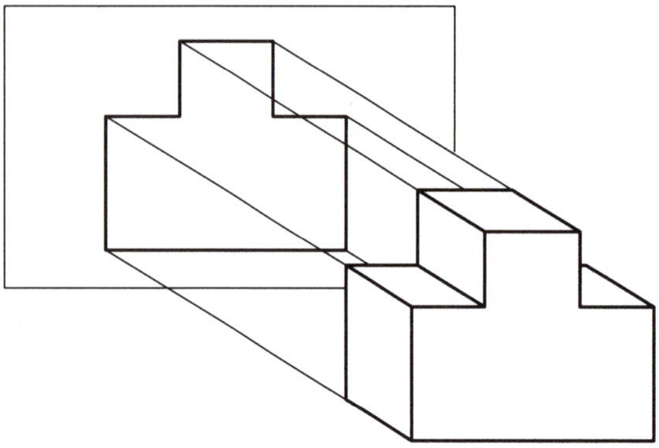

图2-6 立体的投影

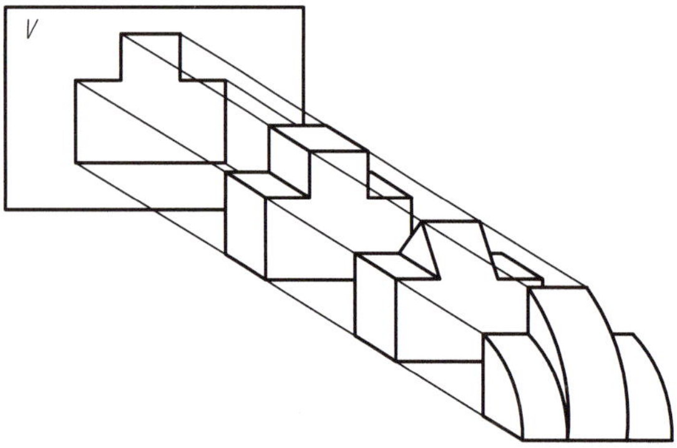

图2-7 不同物体相同的投影

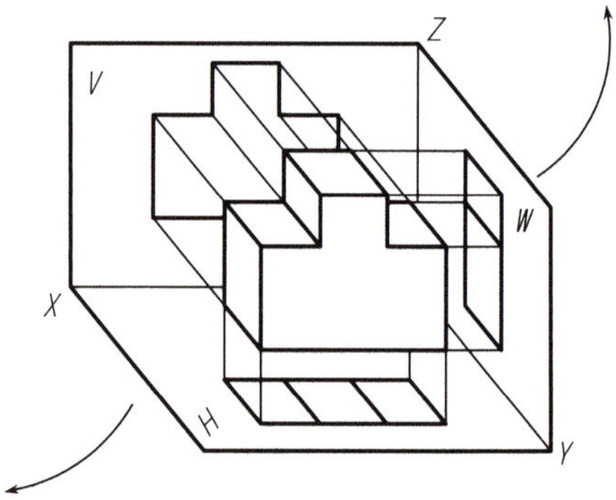

图2-9 立体的三个投影

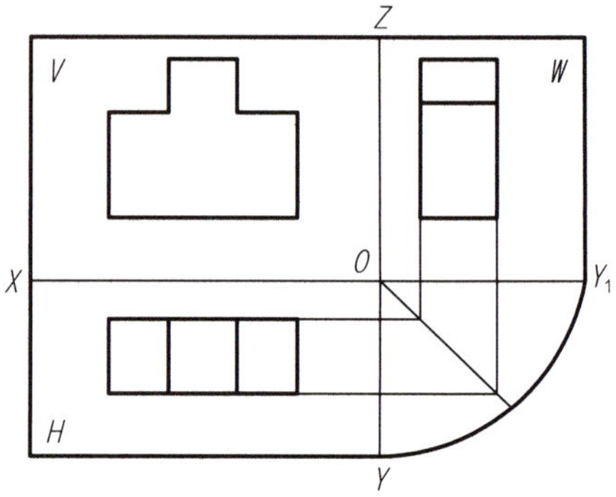

图2-10 立体三个投影的展开

设跟H面的仍写Y，而随W面的就写成Y_1。图中立体的三个投影分别称作正面投影、水平投影和侧面投影。

（二）立体的三视图

当投影面和投影轴都不画出时，图2-10中的三个投影就如图2-11所示，这时三个投影就称为视图。其中正面投影称主视图，水平投影称俯视图，侧面投影称左视图。工程图样中这三个视图使用最多，称为“三视图”。它们的位置也是固定的，不能随意布置，如图2-11所示。

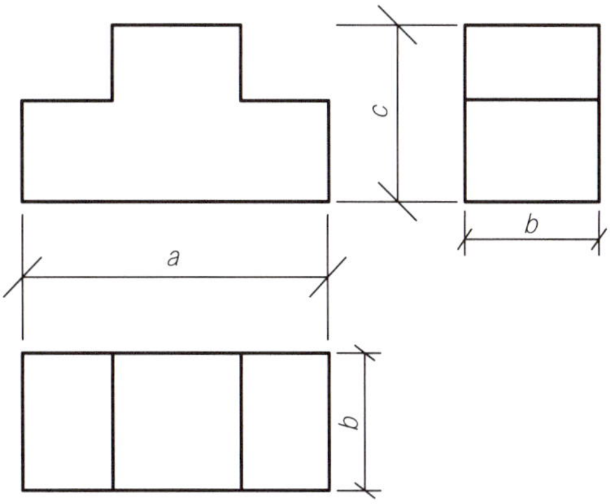

图2-11　立体的三视图及其尺寸关系

1. 三视图间的等量关系

由于三视图是反映同一个立体，而每个视图都仅仅显示了两个方向上的尺寸，如图2-11中设立体尺寸长为a，深为b，高为c。主视图反映长a和高c，而俯视图同样也反映了长a，深b，左视图则反映了高c和深b，由此可看出总有两个视图反映同一方向的尺寸，即主视图、俯视图一样长，主视图、左视图同样高，俯视图、左视图同深，常简化成口诀“长对正、高平齐、深相等”，简称“三等规律”。显然，遵守三等规律对于画三视图和识读三视图都十分重要。

从图2-12中可看到，不仅立体的长、深和高总体尺寸要符合三等规律，其各个组成部分结构的尺寸都应符合三等规律。

2. 三视图不同的空间方位

由于俯视图和左视图都是要绕相应的投影轴旋转后才能处于现在的位置，当然它们图形的四周方位就不一样，如图2-13所示。如主视图反映上下、左右，俯视图中就没有上下，而变成了后和前，同样左视图也不反映左右，而是后前和上下。因此，要反映物体的完整形状，必须增加由不同投影方向所得到的几个视图，互相补充，才能清楚表达物体，工程上常用的是三面投影体系投影生成三视图。

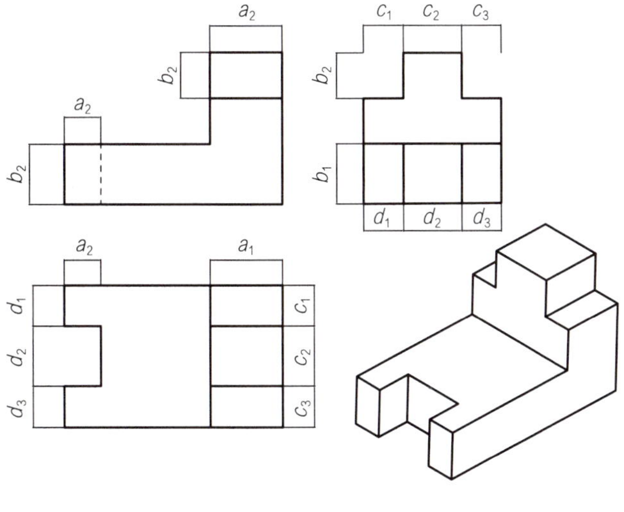

图2-12　三视图之间的尺寸等同规律

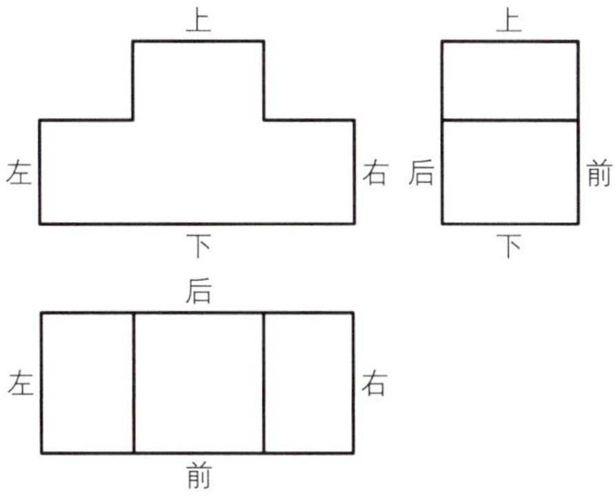

图2-13　三视图与空间方位关系

课中学习　点、线、面的投影

正投影知识以及三视图形成规律告诉我们：一切物体在空间视觉上都可以用顶点、棱线、表面来抽象概括与提炼。要准确绘制物体的三视图，必须掌握构成物体的基本几何要素顶点——点，棱线——线和表面——平面的投影规律。平面基本体都是由不同的平面构成，平面是由直线组成，直线又是点的运动轨迹，所以研究复杂立体之前首先要掌握点、线、面的投影。

一、点的投影

点在立体上是相当于某个顶角位置，是一些棱线的交点，如图2-14所示。该图中的点A是棱锥的顶点，在各个视图中的投影都符合所有的投影规律。

点的投影

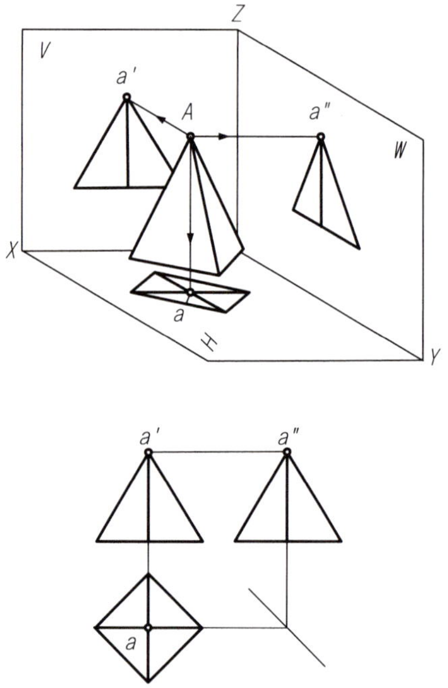

图2-14　立体表面上一点的投影

如图2-15（a）所示，三面投影体系中有空间点A，分别在V、H、W面投影，即得到点的三面投影。其在V面上的投影也称为正面投影，记为a'；H面上的投影也称为水平投影，记为a；W面上的投影也称为侧面投影，记为a''。

移去空间点A，以V面基准，将H面绕OX轴向下旋转90°，W面绕OZ轴向右旋转90°，这样三个投影面展开后，H、W、V三个面处于同一平面，点A的三面投影图形成如图2-15（b）所示。图中OY轴被假想地分为两条，随H面旋转的称为OYH轴，随W面旋转的称为OYW轴。画图时投影图中不必画出投影面的边界。从图2-15中可以看出，A点的坐标是肯定的，可反映“长对正、高平齐、深相等”等特点。

点的三面投影

根据点的三个投影坐标关系，如果知道某一点的两个投影，完全可以根据三个对等关系求出第三个投影，如图2-16所示。

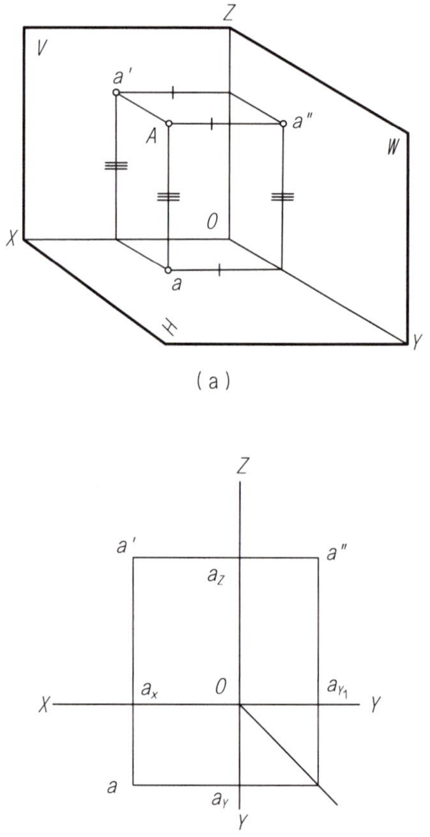

（a）

（b）

图2-15　点的三面投影

二、直线的投影

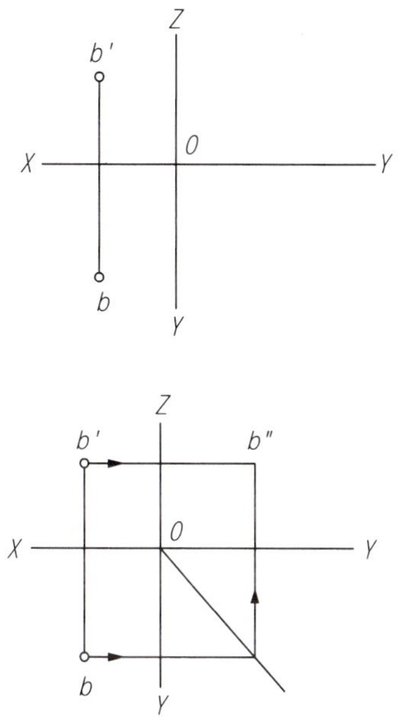

图2-16 已知点的两个投影，求第三投影

直线的投影仍是直线，特殊情况下，若直线垂直于投影面，直线的投影可积聚为一点。按照直线在三投影面体系中与投影面的空间关系，可以将直线分为三种：投影面平行线、投影面垂直线和投影面倾斜线。

1. 投影面平行线

投影面平行线顾名思义就是在三面投影体系中与其中一个投影面平行、与另外两个投影面倾斜的直线，如图2-17所示。

投影面平行线按照与投影面的关系分为三种：与*H*面平行的直线称为水平线，与*V*面平行的直线称为正平线，与*W*面平行的直线称为侧平线，它们的投影图如图2-18所示。

2. 投影面垂直线

投影面垂直线顾名思义就是在三面投影体系中与其中一个投影面垂直的直线，它与一个投影面垂直，与另

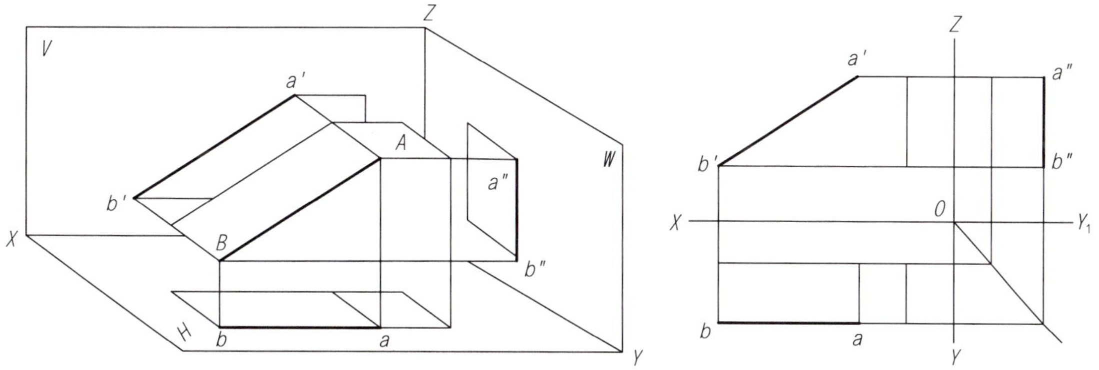

图2-17 投影面平行线的投影

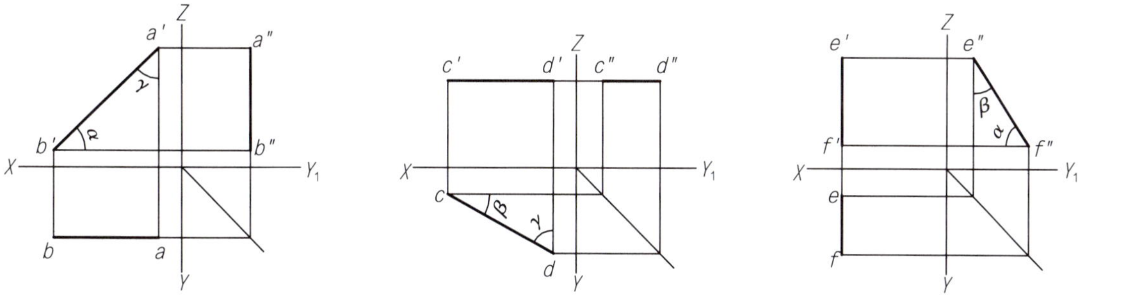

（a）　（b）　（c）

图2-18 投影面平行线的三个投影

（a）正平线　（b）水平线　（c）侧平线

外两个投影面平行，如图2-19所示。

投影面垂直线按照与投影面的关系分为三种：与H面垂直的直线称为铅垂线，与V面垂直的直线称为正垂线，与W面垂直的直线称为侧垂线，如图2-20所示。

3. 一般位置直线的投影

一般位置直线与三个投影面都倾斜，因此在三个投影面上的投影都不反映实长，投影与投影轴之间的夹角也不反映直线与投影面之间的夹角，如图2-21所示。

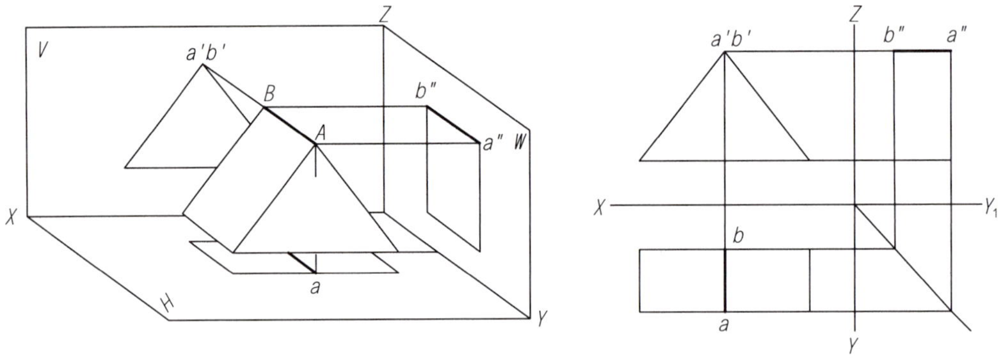

图2-19 投影面垂直线的投影

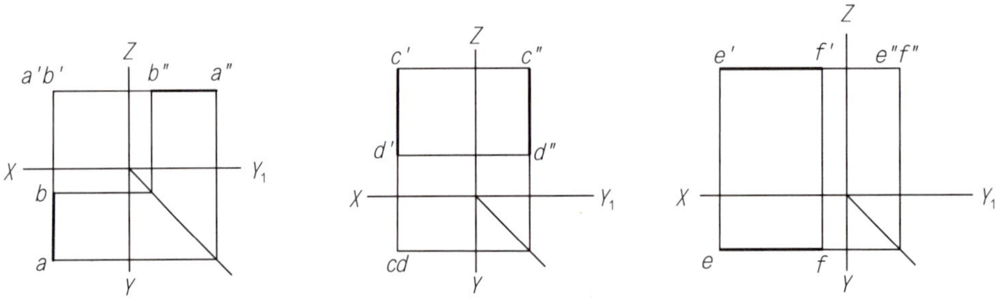

（a） （b） （c）

图2-20 投影面垂直线的三个投影

（a）正垂线 （b）铅垂线 （c）侧垂线

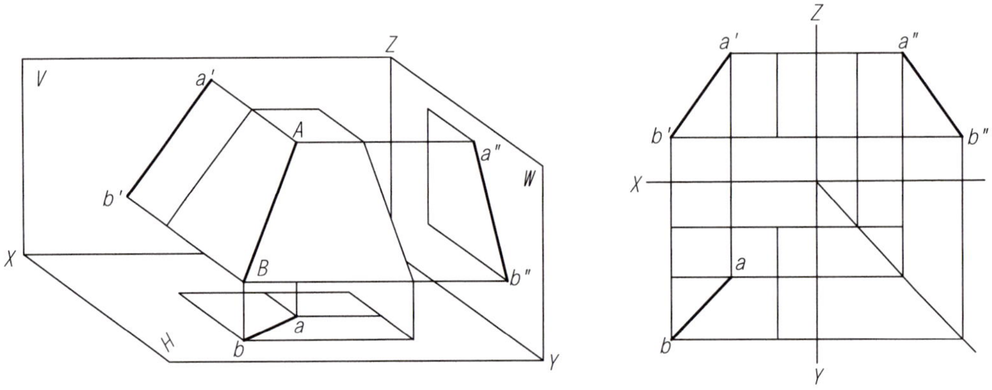

图2-21 一般位置直线的投影

三、平面的投影

在三投影面体系中，平面和投影面的相对位置关系与直线和投影面的相对位置关系相同，可以分为三种：投影面平行面、投影面垂直面和投影面倾斜面。前两种为投影面特殊位置平面，后一种为投影面一般位置平面。

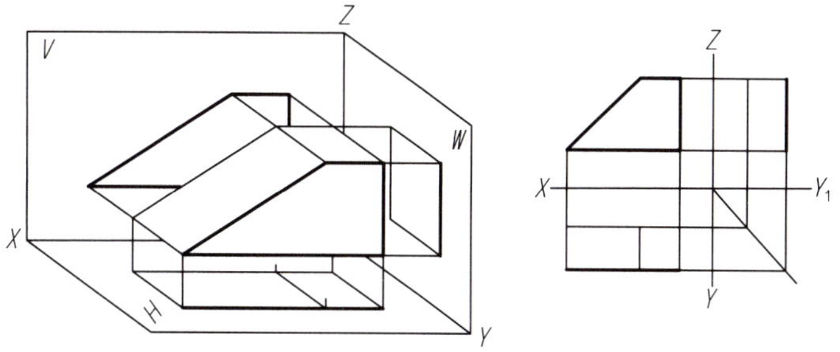

图2-22　立体上某一正平面的投影

1. 投影面平行面

投影面平行面是平行于一个投影面，并与另外两个投影面垂直的平面。与*H*面平行的平面称为水平面，与*V*面平行的平面称为正平面，与*W*面平行的平面称为侧平面。如图2-22所示即为立体上某一正平面，图2-23是投影面平行面的三个投影，它们的投影特性见表2-1。

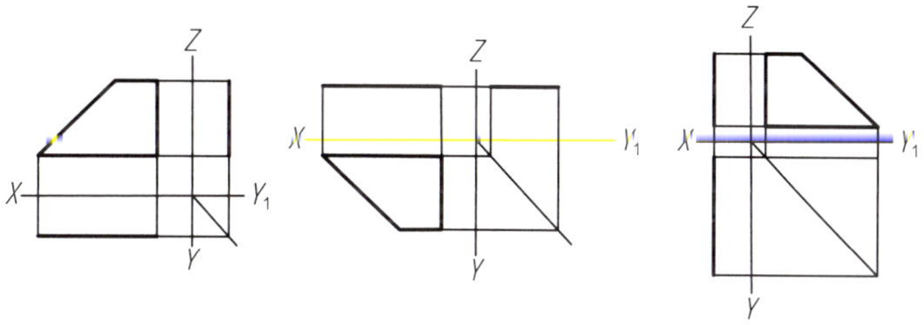

图2-23　投影面平行面的三个投影
（a）正平面　（b）水平面　（c）侧平面

表 2-1　投影面平行面的投影特性

投影面	正平面	水平面	侧平面
投影特性	（1）正面投影反映实形； （2）水平投影积聚成平行于*X*轴的直线； （3）侧面投影积聚成平行于*Z*轴的直线	（1）水平投影反映实形； （2）正面投影积聚成平行于*X*轴的直线； （3）侧面投影积聚成平行于*Y*轴的直线	（1）侧面投影反映实形； （2）正面投影积聚成平行于*Z*轴的直线； （3）水平投影积聚成平行于*Y*轴的直线

2. 投影面垂直面

投影面垂直面是垂直于一个投影面，并与另外两个投影面倾斜的平面。与*H*面垂直的平面称为铅垂面，与*V*面垂直的平面称为正垂面，与*W*面垂直的平面称为侧垂面。如图2-24所示即为立体上某一垂直面，图2-25是投影面垂直面的三个投影，它们的投影特性见表2-2。

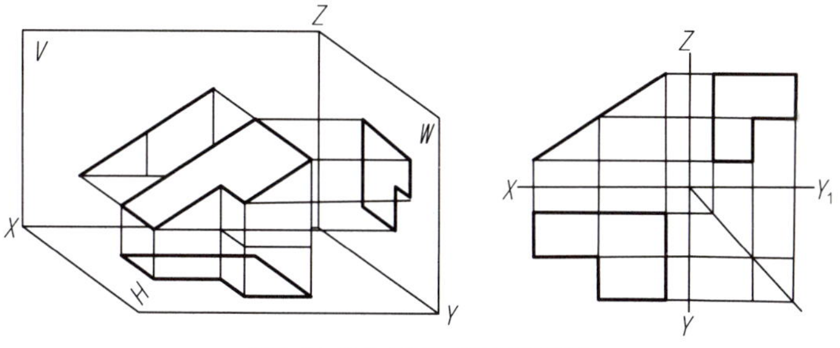

图2-24　立体上某一垂直面的投影

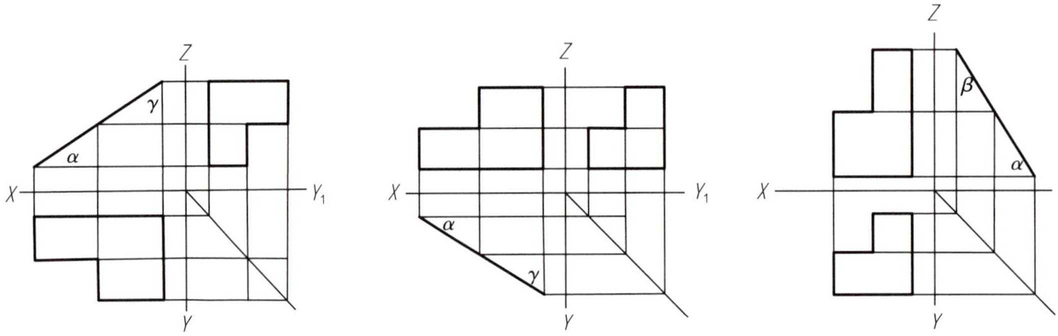

（a）　　（b）　　（c）

图2-25　投影面平行面的三个投影

（a）正垂面　（b）铅垂面　（c）侧垂面

表 2-2　投影面垂直面的投影特性

投影面	正垂面	铅垂面	侧垂面
投影特性	（1）正面投影积聚成直线，与 X 轴夹角为 $\boldsymbol{\alpha}$，与 Z 轴夹角为 $\boldsymbol{\gamma}$；（2）水平投影和侧面投影具有类似性	（1）水平投影积聚成直线，与 X 轴、Y 轴夹角分别为 $\boldsymbol{\beta}$ 和 $\boldsymbol{\gamma}$；（2）正面投影和侧面投影具有类似性	（1）侧面投影积聚成直线，与 Y 轴、Z 轴夹角分别为 $\boldsymbol{\alpha}$、$\boldsymbol{\beta}$；（2）正面投影和水平投影具有类似性

3. 一般位置平面

一般位置平面是与三个投影面都倾斜的平面，因为三个投影面既不平行也不垂直，所以在三个投影面上的投影都不反映实形，而是缩小了的类似形，如图2-26所示。

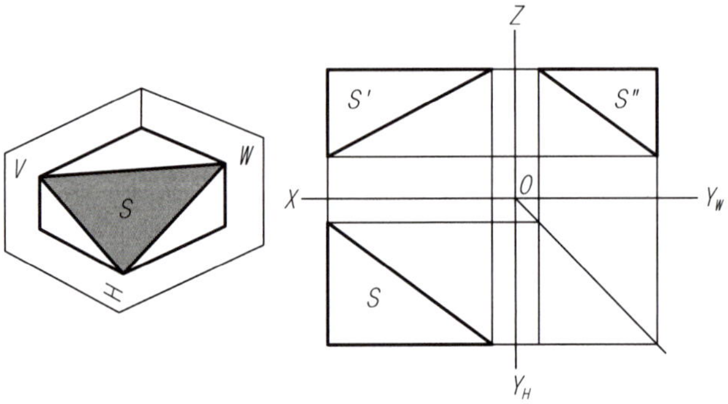

图2-26　一般位置平面的投影

>>> 课后拓展

一、平面上的点和直线的投影

点和直线属于平面的几何条件是：

（1）属于平面的点，必属于平面内的已知直线。

（2）属于平面内的直线，必通过属于平面的两点，或通过属于平面的一点且平行于平面内一条已知直线。

根据上述几何条件，可作属于平面内的点和直线，也可判定点和直线是否属于平面。

例2-1：如图2-27所示，已知点K的水平投影和点L的两面投影，且点K属于△ABC，试求点K的正面投影，并判断点L是否属于$\triangle ABC$所确定的平面。

解：如图2-27所示，依据点和直线属于平面的几何条件，分别连接a和k、a和l，并延长与bc相交，然后求出属于平面的两条直线的正面投影；根据属于直线的点的投影特性，作出k'并判定点L不在平面上。

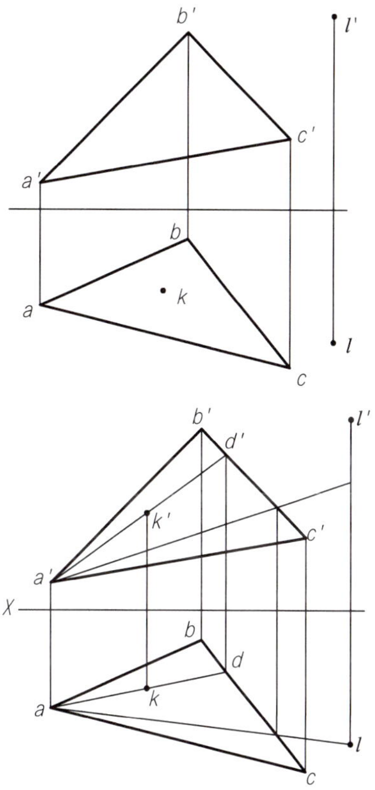

图2-27 属于平面的点的有关问题

二、正投影法基础的系列问题

（1）投影有哪些种类？制图常用的投影是哪种？正投影的特点与投影线特性是什么？

（2）三视图是如何形成的？各视图之间有什么关系？

（3）“长对正、高平齐、宽相等”分别是什么视图之间的关系？

（4）画出不同位置直线的三个投影，并分别说明它们有什么特点。

（5）画出不同平面直线的三个投影，并分别说明它们有什么特点。

学习情境三

体的投影

16 课时

学习目标

知识目标

1 掌握曲面立体投影图的绘制。

2 根据投影原理绘制家具正投影图、三视图。

3 掌握立体表面上求点操作技巧。

能力目标

1 能绘制各种组合体的正投影视图。

2 能绘制家具结构装配图。

3 能绘制家具零部件的大样图。

素质目标

1 明确职业岗位的范围，不断提高自身职业能力。

2 培养分析问题和解决问题的能力。

课前学习 体的投影概述

尽管立体的形状是千变万化的，但按照立体表面的几何形状不同可分为两类：表面全部为平面的立体称为平面体；表面为曲面或既有曲面又有平面的立体称为曲面体。

三视图的形成

基本立体的投影实质上是求构成该体的所有面的投影的总和，国家标准规定：可见的轮廓线用粗实线表示，不可见的轮廓线用虚线表示，所以物体的投影与视图在本质上是相同的，因此，立体的三面投影又称为三视图，画图时，投影轴省略不画。俯视图配置在主视图的正下方，左视图配置在主视图的正右方，如图3-1所示。

主视图——由前向后投射所得的视图。

俯视图——由上向下投射所得的视图。

左视图——由左向右投射所得的视图。

课中学习　基本体及叠加体的三视图

一、基本体的形成及视图

棱柱、棱锥、圆柱、圆锥、圆球、圆环是常见的基本立体。

1. 棱柱

棱柱由两个正多边形底面和若干个侧棱面组成，侧棱面间的交线称为侧棱线，侧棱线互相平行。侧棱线与底面垂直的称为直棱柱，侧棱线与底面倾斜的称为斜棱柱。下面我们讨论直棱柱的投影。

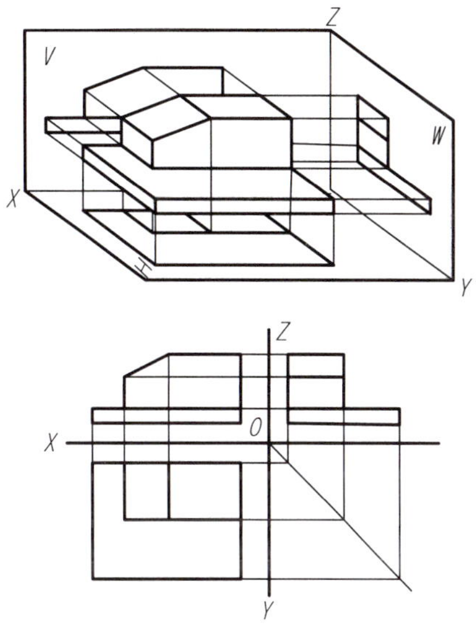

图3-1 立体的投影

以六棱柱为例，当六棱柱与投影面位置关系如图3-2（a）所示时，六棱柱的底面与H面平行，前后两棱侧面为正平面，在主视图上反映实形，其余四个棱侧面在俯视图上都是积聚成与六边形的边相重合的直线。正六棱柱投影图绘制过程如图3-2（b）所示：分析安放位置，分析各表面的投影特征，画对称中心线、轴线和基准线；画反映形体特征的俯视图，根据正六棱柱的高和“长对正”画主视图，根据“高平齐、宽相等”画左视图。

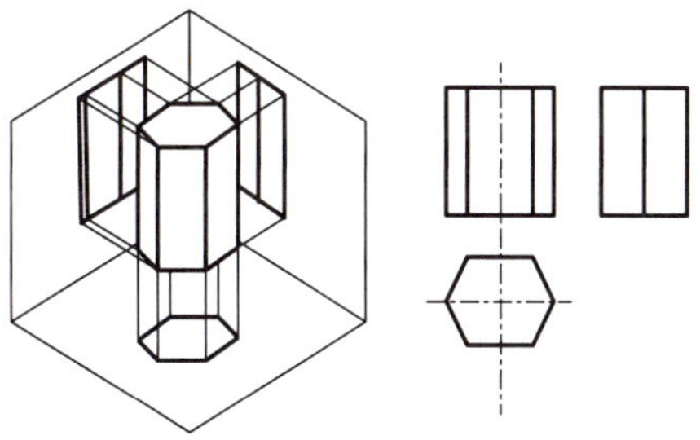
（a）　（b）

图3-2 棱柱的投影

2. 棱锥

如图3-3所示，棱锥就是将棱柱的侧棱线锥化为一点——锥顶。如图3-3（a）所示，三棱锥的底面△ABC为水平面，俯视图真实反映实形。后侧面SBC以及左、右两侧面SAB、SAC为一般位置平面。

棱锥三视图的绘制过程如图3-3所示：

（1）画反映底面△ABC实形的水平投影△abc，然后画其有积聚性的正投影与侧面投影。

（2）根据点的投影知识求出顶点S的三面投影。

（3）分别连接顶点S与△ABC各顶点的投影，从而画出各侧棱线的投影。

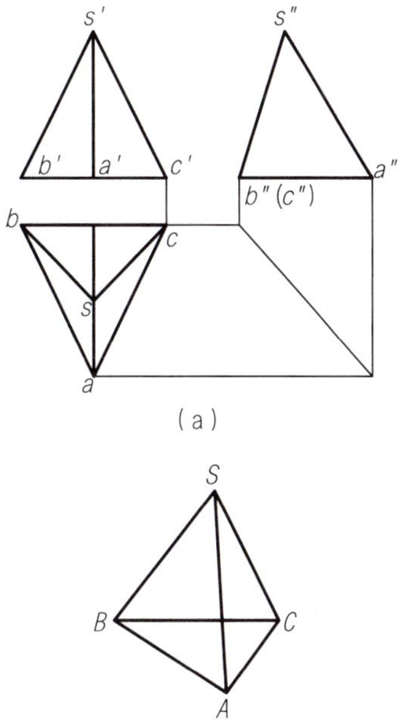

（a）　（b）

图3-3 棱锥的投影

3. 圆柱

圆柱是由圆柱面和顶、底圆面所组成，顶、底圆面大小一致并相互平行，圆柱面是由一母线绕与之平行的轴线回转而成，如图3-4所示。

圆柱的轴线垂直于H面时，圆柱的俯视图为一个圆，并与顶、底圆大小一致，由于圆柱面是由一母线绕与之平行的轴线而成，所以圆柱面水平投影具有积聚性，可以推断该圆又是圆柱面的积聚投影。

圆柱的主视图为一个矩形，其上下边是圆柱顶圆与底圆的积聚投影而成的直线；左、右两条边是母线绕轴回转时最左、最右位置时的投影，它们是圆柱面前、后部分的分界线，其水平投影积聚成点。因圆柱表面是光滑的曲面，所以侧面投影不用粗实线画出。

圆柱体的应用中还有半圆柱、空心圆柱等，如图3-5所示举了两例，读者可以分析其三视图的对应关系。

4. 圆锥

圆锥表面由圆锥面和底面组成，圆锥面是直角三角形以其中一直角边为回转轴，以斜边为母线并绕回转轴回转而成，如图3-6所示。当圆锥的轴线垂直*H*面时，圆锥的俯视图为圆，它的主视图和左视图均为等腰三角形。

在家具中完全用一个圆锥的情况不多，一般是用截去锥顶的圆锥，如图3-7所示。

5. 圆球

圆球的表面是球面。球面是一个圆以自身为母线，以其任意一条直径为回转轴回转而形成的。圆球的三面视图都是直径相等的圆。但是，它们并不是圆球面上同一个圆

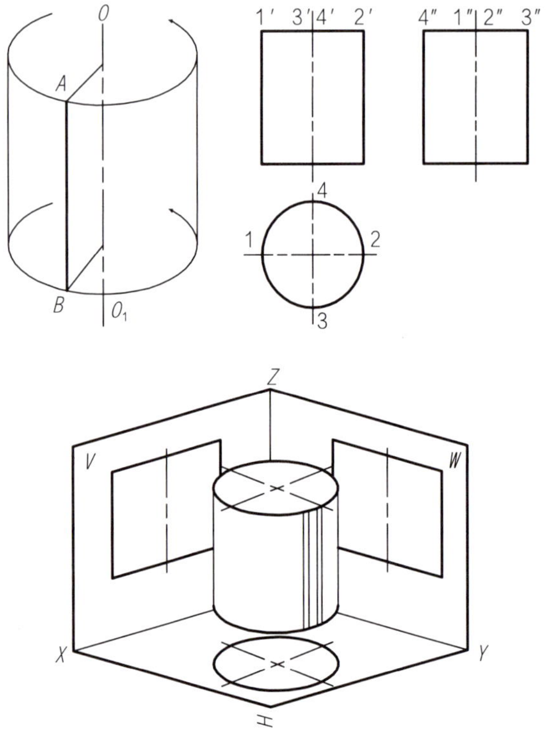

图3-4 圆柱的投影

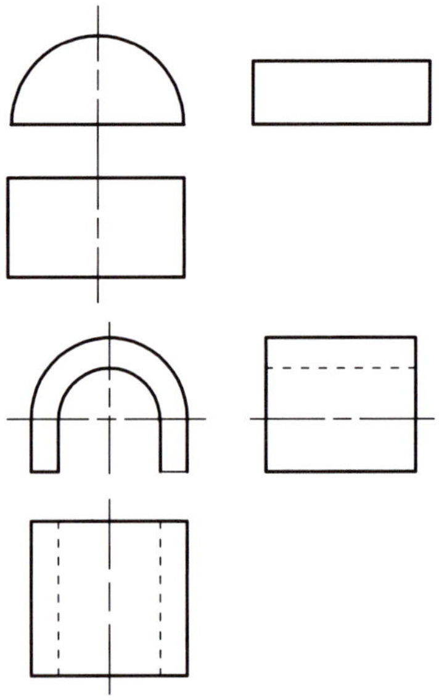

图3-5 半圆柱和组合空心半圆柱

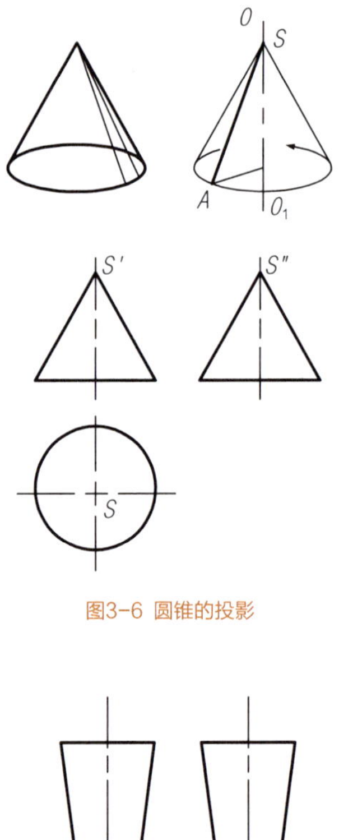

图3-6 圆锥的投影

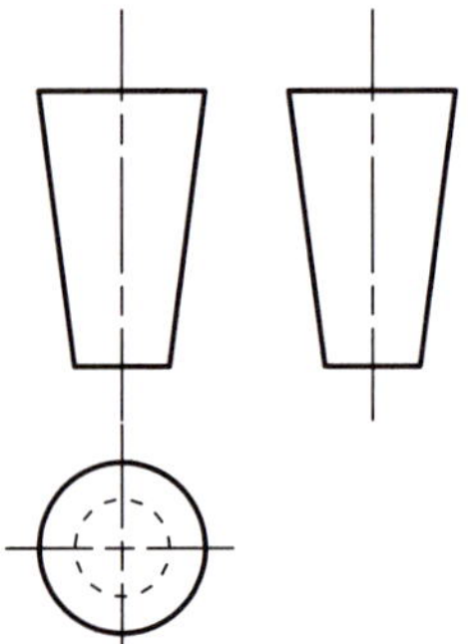

图3-7 截头倒圆锥的三视图

的投影。实际上，圆球的主、左、俯三面视图的圆分别为前、后半球，左、右半球和上、下半球的分界线，如图3-8所示。

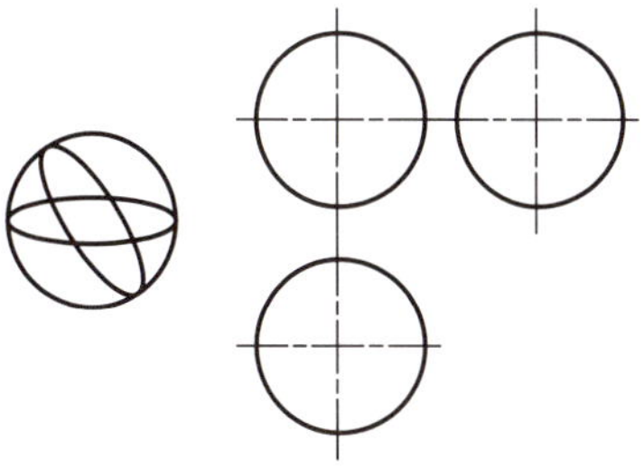
图3-8 圆球三视图

6. 圆环

圆环可以看成是以一圆为母线，以位于圆外且与圆在同一平面内的轴线OO_1为回转轴旋转而成。圆环外面的一半表面称为外环面，里面的一半表面称为内环面。当圆环的轴线垂直于H面时，圆环的主、俯视图如图3-9所示，圆环的左视图与主视图完全相同。

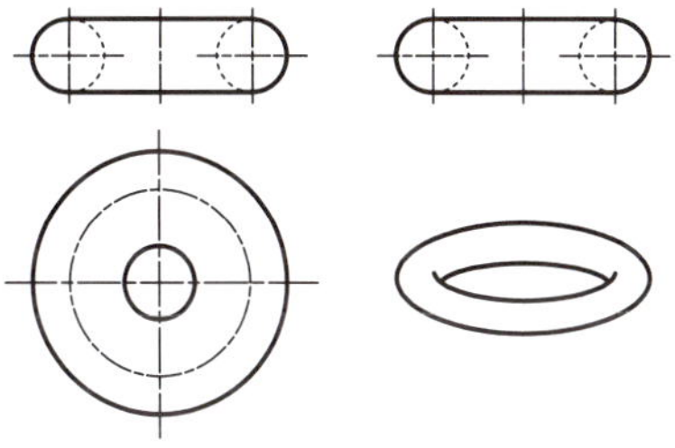
图3-9 圆环的三视图

回转体在家具中应用比较广泛，如图3-10所示就是常见的回转体，由于是回转体，有两个视图相同，另一个视图肯定为圆，在图样上往往两个相同视图只画一个，而表现为圆的视图可以省略不画，用直径尺寸表达就可以了。所以回转体零件经常只用一个视图来表达就已经很清晰了。

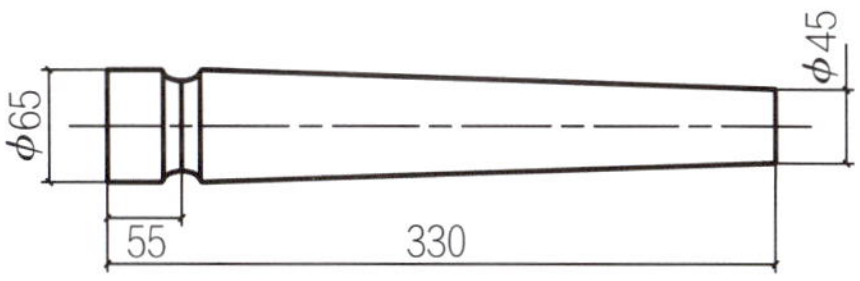

图3-10 用一个视图表示的回转体零件

二、叠加体的三视图

前面学习了基本立体的投影，在生产中，机加工零部件往往是比基本体要复杂的形体。但是通过立体分析可发现这些形体一般可以看成是由若干简单立体（称为基本体）经过叠加、切割等方式而形成的组合体，如图3-11所示。以下将介绍组合体三视图的投影特性、组合体画图和读图的基本方法以及组合体的尺寸标注等问题。

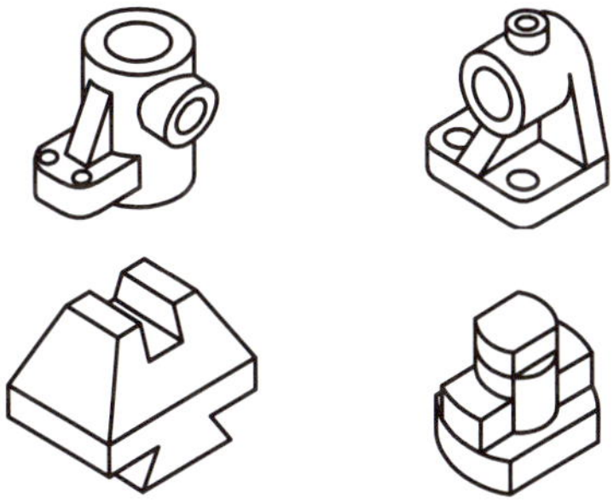
图3-11 叠加体

（一）组合体的构成

大多数零件都可以看作是由一些基本形体经过组合、割切、穿孔等方式组合而成的组合体。这些基本形体可以是一个完整的几何体（如棱柱、棱锥、圆柱、圆锥、球等），也可以是一些完整或不完整的几何体，或是它们的简单组合。

1. 组合方式

（1）叠加式。叠加就是由几个形体组合在一起，形成一个整体。如图3-12（a）所示，支座是由底板、圆柱、肋板和凸台组合而成。

（2）切割式。切割式也称挖切式，是在某一形体通过切割和穿孔的形式切割而成。如图3-12（b）所示，底座是由长方体和四棱锥先叠加，然后切割掉三个形体而形成。

2. 表面连接形式

无论叠加还是切割，由于各形体之间的不同接口产生的表面连接方式有如下几种：

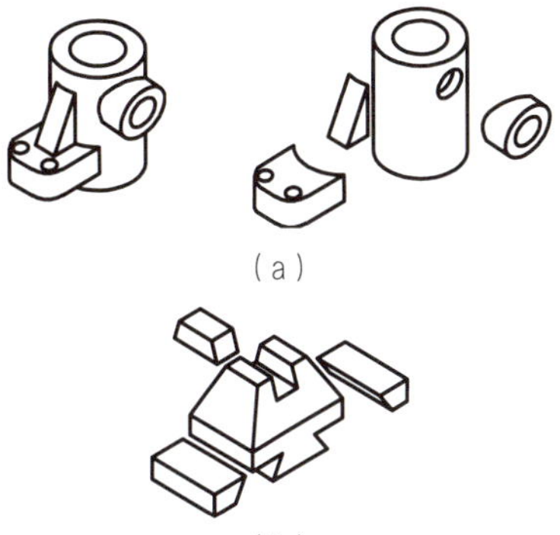

图3-12 组合体的构成
（a）叠加式 （b）切割式

（1）相接不平齐。中间应有线表示不平齐连接，如图3-13（a）所示。

（2）相接平齐。中间不应有分界线以表示平齐，如图3-13（b）所示。

（3）相切。当两个形体有平面与曲面或曲面与曲面表面相切时，分界面投影线画至切点，在相切处不画出切线，如图3-13（c）所示。

（4）相交（相贯）。两个形体表面相交时，在相交处应画出交线，如图3-13（d）所示。

（二）组合体的分析方法

画组合体的视图时，经常采用形体分析法和线面分析法。

形体之间表面的过渡关系

形体分析法，就是把复杂零部件分解成一些简单的形体，并分析它们之间组合形式的一种思维方法。在今后学习画图、看图和标注尺寸，经常要运用形体分析法。如图3-14所示，支架可以采用形体分析法分析。支架是由底板、圆柱、支撑板、肋板和凸台组合而成。底板是由切去了两个圆角以及挖掉了两个圆柱形孔的长方体而形成。

线面分析法，一切物体的基本要素就是点、线、面，所以分析组合体各表面及棱线、外形素线等与投影面的相对位置，以明确其投影特征，就可以准确绘制物体的投影；分析表面之间的连接关系及表面交线的形成和画法，以便于画图和读图，这是绘图中经常应用的方法。

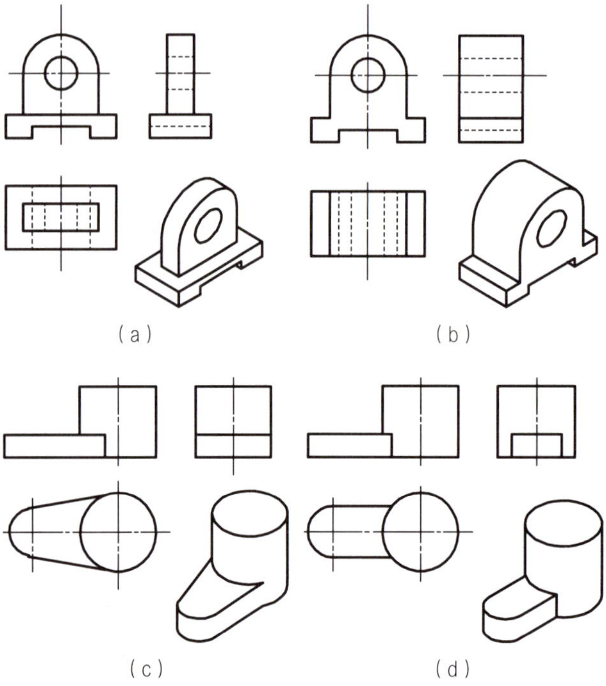

图3-13 表面连接形式

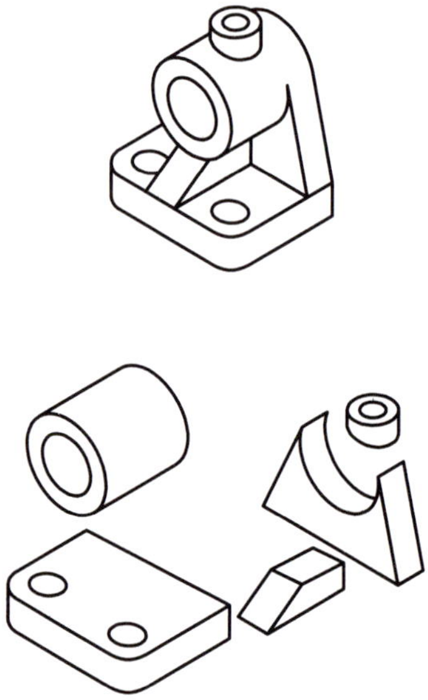

图3-14 形体分析法

课后拓展

（1）简述圆柱、圆球、圆锥投影共同点及其原因。

（2）简述棱柱、棱锥投影共同点及其原因。

（3）画出轴线为正垂线和侧垂线的圆柱、圆锥的三个视图，尺寸自定。

（4）画出轴线为正垂线和侧垂线的棱柱、棱锥的三个视图，尺寸自定。

学习情境四

立体的裁切与相交

20 课时

学习目标

知识目标

1 学习及演练绘制几何形体的三视图、看图和识图。

2 学习及演练各种形体表面交线、形体的轴测图的绘制。

能力目标

1 能利用一般平行投影原理绘制家具轴测图。

2 能绘制家具立体拆装图。

3 能绘制家具零件图、部件图。

素质目标

1 明确职业岗位的范围，不断提高自身的职业能力。

2 培养分析问题和解决问题的能力。

课前学习 认识立体裁切与相交

用来截割形体的平面为截平面。截平面与立体表面的交线称为截交线，切割而成的零部件上常有截交线的轮廓，因此掌握截交线的求法及截割体投影图的画法是很重要的，如图4-1（a）所示。两个立体相交，表面相贯线的空间形状一般取决于两个立体表面本身的形状、尺寸大小及两者的相对位置。

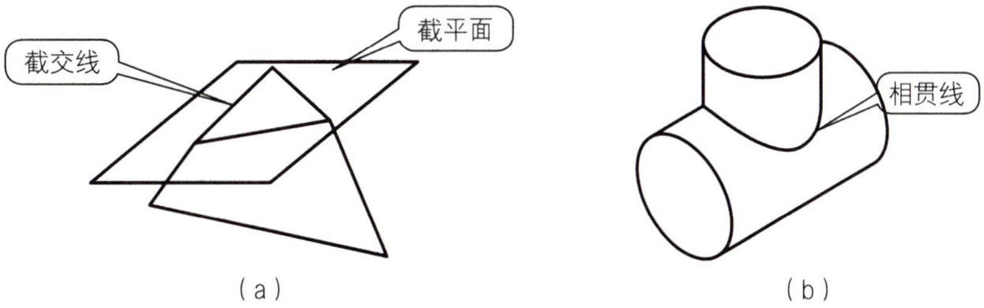

图4-1 立体的裁切与相交截交线

课中学习　立体的裁切与相交

一、立体的裁切

（一）平面立体被平面裁切

表面为平面的立体简称为平面立体，平面与平面立体的交线是封闭多边形。多边形顶点一般为该立体的棱线与截平面的交点。常见的情况为特殊位置截平面与平面立体相交。由于特殊位置平面投影具有积聚性，所以与之相交立体的棱线与截平面的交点可利用截平面的有积聚性的投影定位求出。如图4-2所示为几种典型平面立体被单个或多个截平面裁切时交线的形状及其在三视图中所反映的投影特征，其中，（a）是四棱柱被单个截面裁切，（b）是四棱台被两个平面裁切，（c）是三棱锥被两个平面裁切。

（二）曲面立体被平面裁切

平面与曲面立体相交，其交线一般为曲线或直线与曲线组成的封闭线框。求曲面立体的截交线，可归结为求截平面与曲面立体上某些线的交点，或者截平面上某些特殊线与曲面立体表面交点的问题。家具设计时也经常会有曲面立体的零部件，学会曲面立体交线的画法对于正确绘制曲面物体图形非常重要。圆柱、圆锥以及包括球体在内的组合回转体被一些具有特殊位置特征的截平面裁切，是比较常见的结构。下面介绍平面与曲面立体截交情况。

1. 圆柱被平面裁切

圆柱被平面裁切如图4-3所示。

（1）当截平面平行于轴线时，截交线为两条直素线。

（2）当截平面垂直于轴线时，截交线为圆。这时，截交线的水平投影是圆（与圆柱面之投影重合），其余两个投影积聚为直线。

（3）当截平面倾斜于轴线时，截交线为椭圆。

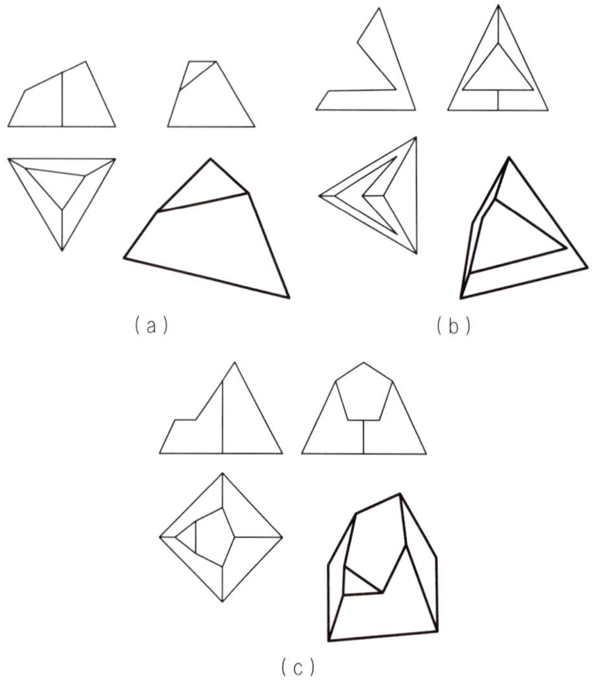

图4-2 平面立体被平面裁切

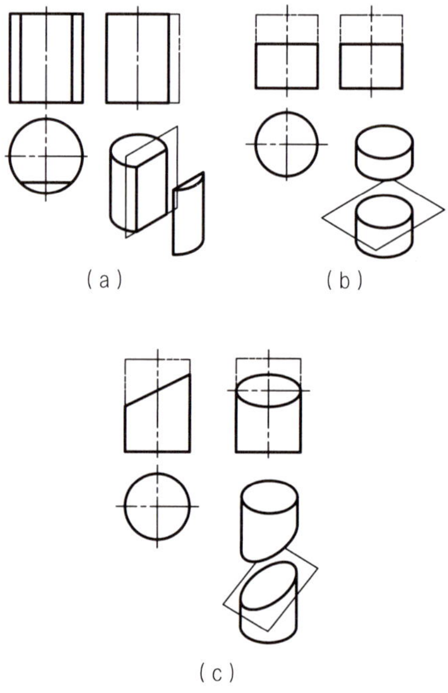

图4-3 圆柱被平面裁切

2. 圆锥被平面裁切

如图4-4所示为圆锥被不同特征位置截面裁切时交线的各种变化情况。

（1）截平面过锥顶时，截交线是两条相交直线。

（2）截平面垂直于轴线时，截交线是圆形。

（3）截平面倾斜于轴线时，截交线是椭圆形。

（4）截平面平行于素线时，截交线是抛物线。

（5）截平面平行于轴线时，截交线是双曲线。

二、立体的相交与组合

（一）立体与立体相交

立体与立体相交时，由于在相交立体中可能存在平面立体，而平面立体可以看成是平面的组合，平面立体与曲面立体的交线即可看成是截交线的组合。其中，两个回转曲面立体表面相贯线的空间形状一般取决于回转曲面本身的形状、尺寸大小及其轴线间的相对位置。一般情况下，相贯线是闭合或不闭合的空间曲线。

两个正交圆柱筒相贯线的绘制：

（1）如图4-5所示，首先分析两个曲面立体的几何形状、相对大小和相对位置，进一步分析相贯线是空间曲线还是处于特殊情况（平面曲线或直线）；再分析两个曲面立体对投影面的相对位置，两个曲面立体的投影是否有积聚性，哪个投影有积聚性；还要分析相贯线哪个投影是已知的，哪个投影是要求作的。

（2）求特殊点。相贯线上的特殊点包括极限位置点、轮廓转向点、曲线特征点和结合点四种。

（3）根据需要求出若干个一般点。

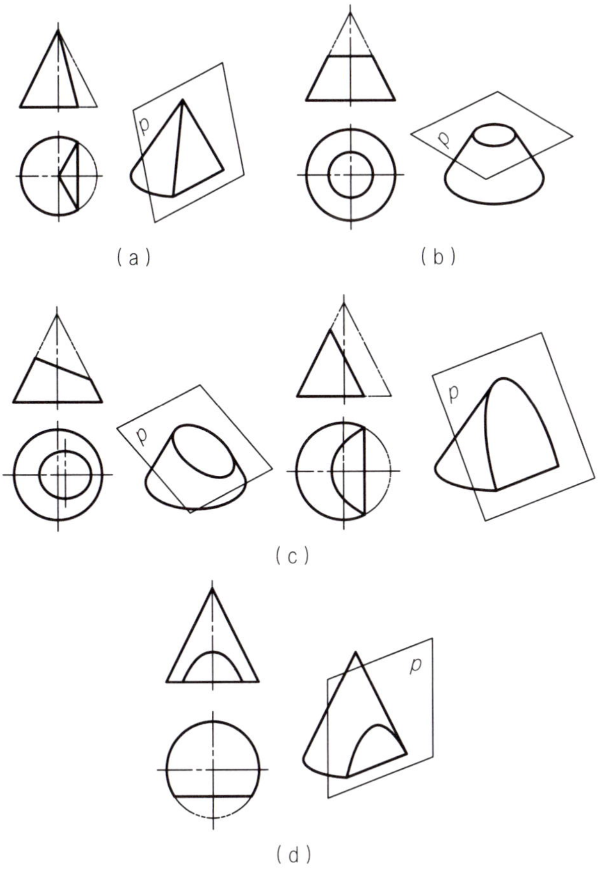

图4-4 圆锥被平面裁切

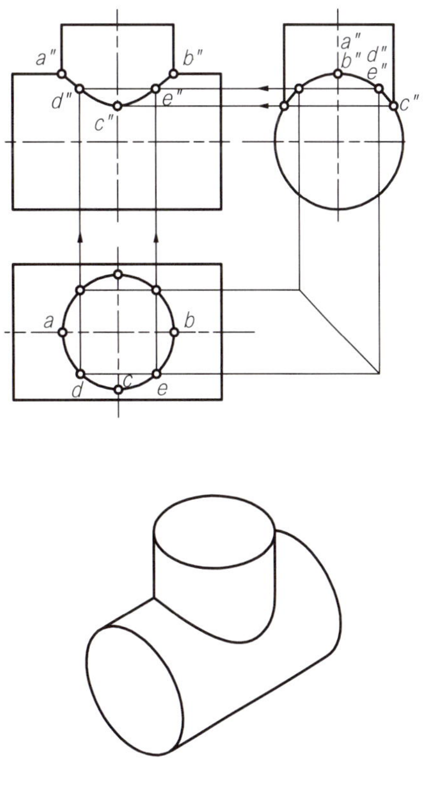

图4-5 两个正交圆柱筒相贯线的绘制

（4）判别可见性，依次光滑连接各点，作出相贯线。

（5）补全可见与不可见部分的轮廓线或转向轮廓线，并擦除被切割掉的轮廓线或转向轮廓线。

当相贯两个圆柱的相贯形式、尺寸大小与相对位置发生变化时，相贯线的形态变化如图4-6和图4-7所示。

（二）组合体的画图

以图4-8所示轴承座为例，说明画组合体三视图的方法和步骤。

1. 形体分析

从图4-9上可以看出，轴承座可分解为矩形底版、肋板、轴承、圆柱凸台和轴承下支承板。肋板与轴承相切，轴承下支承板与轴承相交，肋板与轴承下支承板叠放在底板上，圆柱凸台与轴承为两个垂直相交的空心圆柱体，内、外圆柱面上均有相贯线。

2. 选择主视图

选择主视图需要解决两个问题：一为组合体的安放位置，通常选取组合体的自然安放位置；二是主视图的投影方向，通常要求主视图能较多地表达物体的形状特征，并使物体的主要表面、轴线等平行或

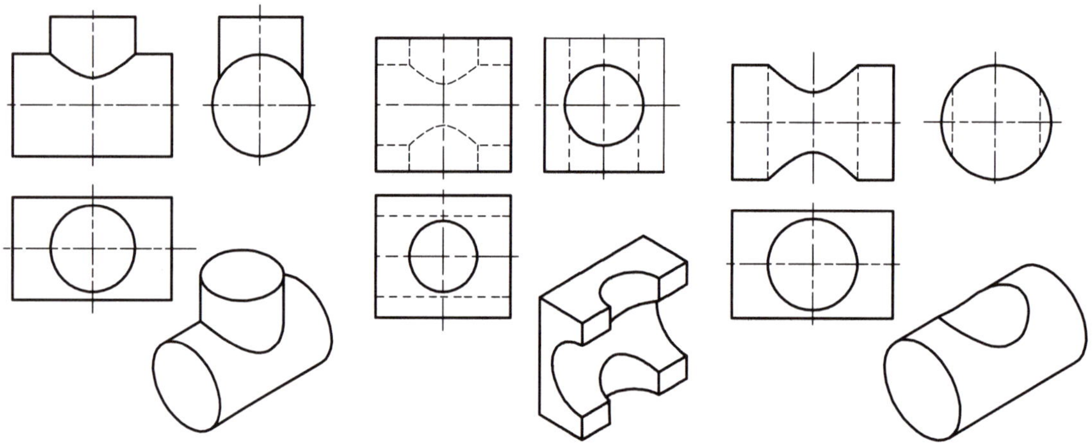

图4-6 两个柱面相交的三种情况

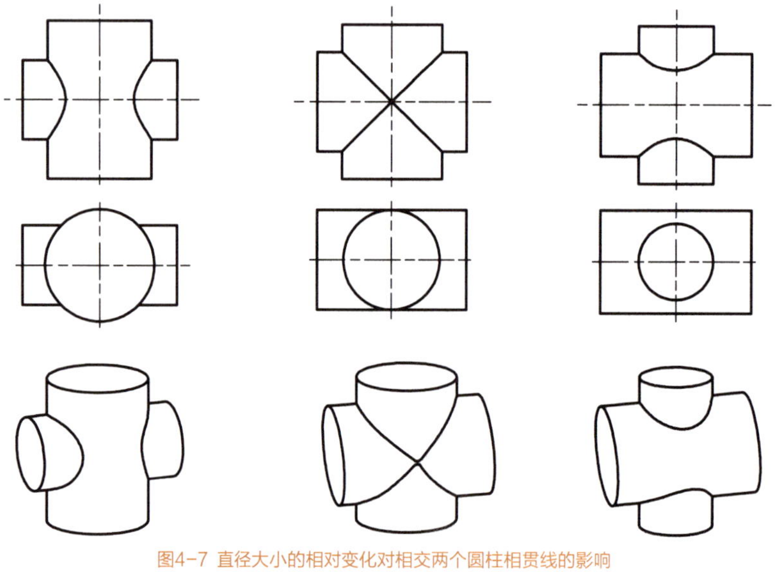

图4-7 直径大小的相对变化对相交两个圆柱相贯线的影响

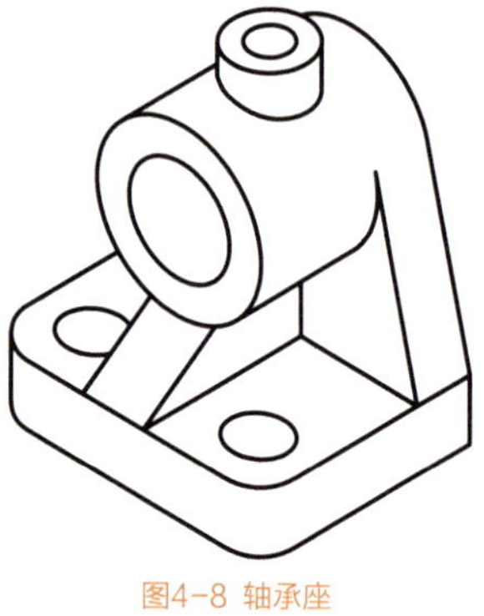

图4-8 轴承座

垂直于投影面，以反映物体的实形；另外，在选择主视图时，应使其他两个视图的虚线越少越好。

3. 作图步骤

作图步骤如图4-10所示。

（1）根据轴承座的总体尺寸，确定绘图比例和图幅。

（2）布置视图，画基准线。基准线是指画图时测量尺寸的基准，每个视图需要两个方向的基准线，一般常用对称中心线、轴线和较大的平面作为基准线。

（3）逐个画出各结构单元的三视图，一般先画主要单元的三视图，遵循先实（实形体）后虚（挖空部分）、先大后小、先轮廓后细节、三个视图联系起来画的绘图原则。

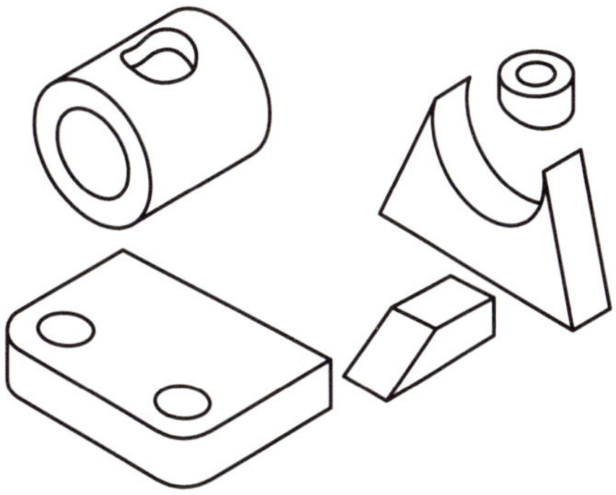

图4-9 轴承座分解

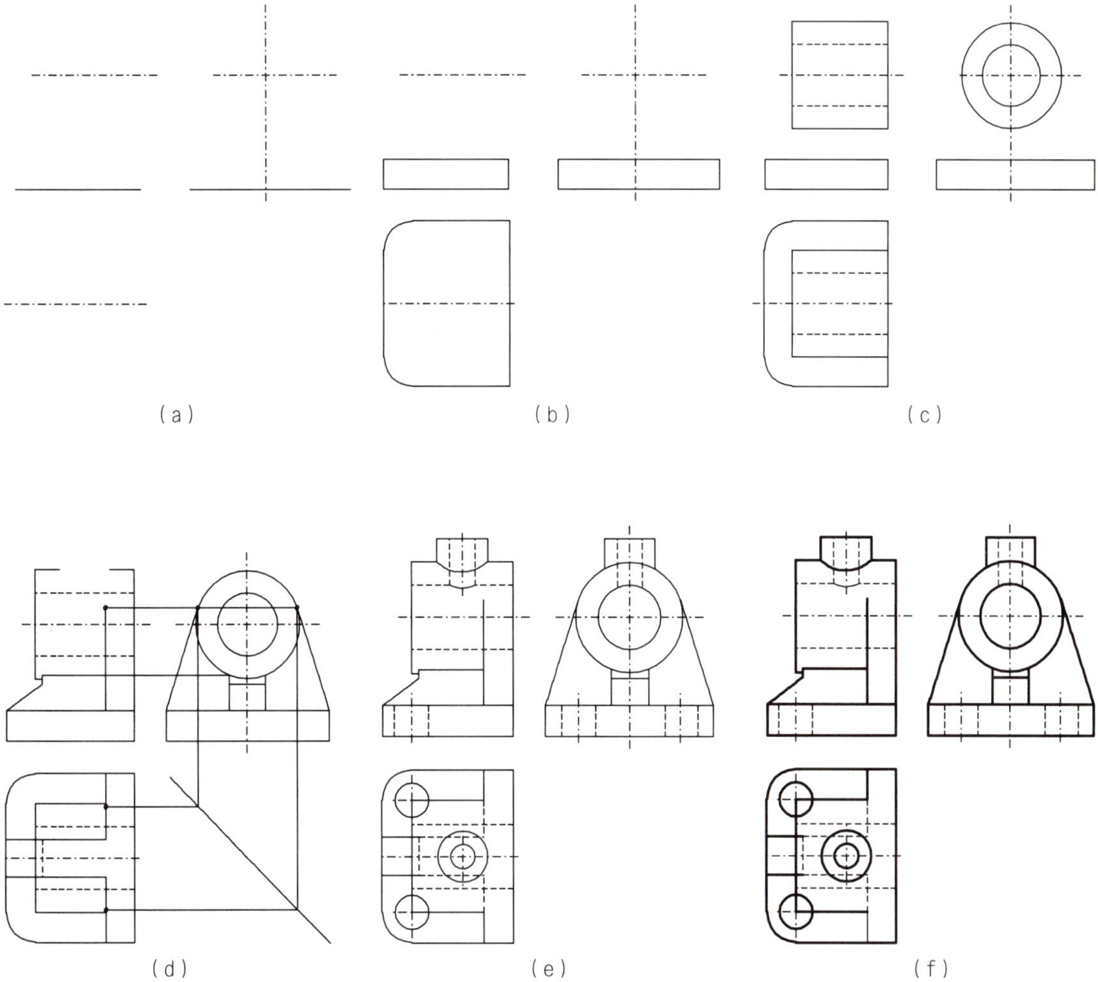

图4-10 轴承座三视图的绘制过程

（a）布置投影图，画基准线　（b）画出底板的投影　（c）画出圆柱投影
（d）画出支承板和肋板的投影　（e）完成细节，检查错误　（f）加深

（4）初稿画完后，按结构单元逐个检查，纠错补漏，对称图形、半圆或大于半圆的圆弧要画出对称中心线，回转体一定要画出轴线。

（三）组合体的读图

读图就是要在具备一定绘图知识的基础上，面对绘制图纸，能根据图形和组成线条加以分析，从而想象出其空间的实际形状。要能熟练地看懂视图，除了要熟悉一些常见的基本几何体的三视图，还要掌握一定的方法，并且经常反复进行图与物的对照，多看图，增加看图经验。运用形体分析法，化繁为简，以确定物体是由哪几个形体所组成的。

组合体的形体分析

组合体通常是由几个形体组合而成，复杂形体通常由简单几何体经切割而成。在十分熟悉基本几何体视图的条件下，就较容易地识读比较复杂的组合形体了。

如图4-11所示，先看主视图，整个图形由线条分隔成四个图框，这四个图框表示这些表面有前有后，而它们的前与后一定要联系已知另外视图，如现在是俯视图来看，依据长对正原理，上下用尺对照，找出这些平面的水平投影位置就可以分出前后，从而初步认识该立体的形状。同样，在俯视图上有更多的图形框，要联系主视图分出其高和低的不同位置。这样一结合，立体的整个形象就比较清晰了。可与图4-11右边立体图相对照。

现举例说明，如图4-12所示，已知立体的两个视图，试画出其左视图。我们可以设想这个立体是由几个部分组成的，如图4-13所示进行分解。这些部分的三视图相对比较简单，这样经过分析就容易得出如图4-12所示形体的左

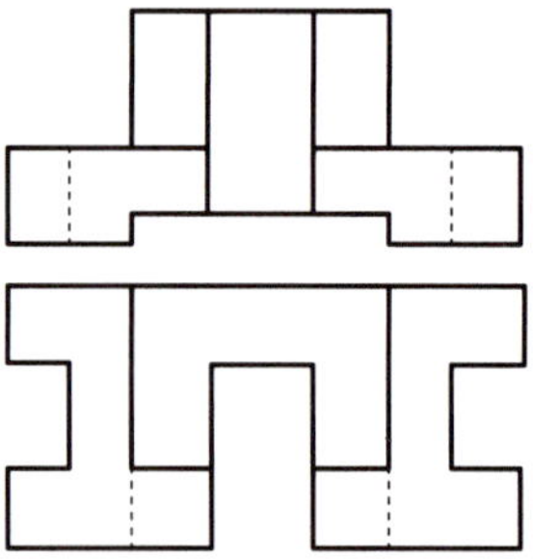
图4-12 已知两个视图求第三个视图

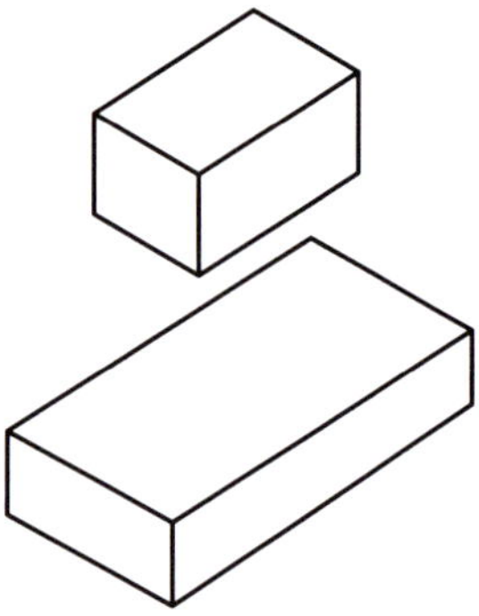
（a）

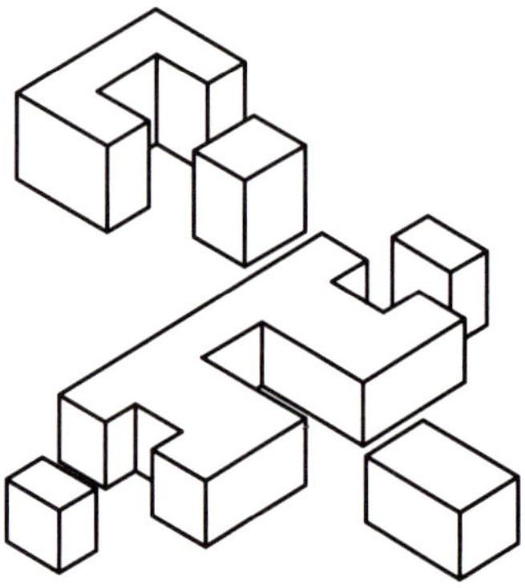
（b）

（c）

图4-13 组合体的形体分析过程

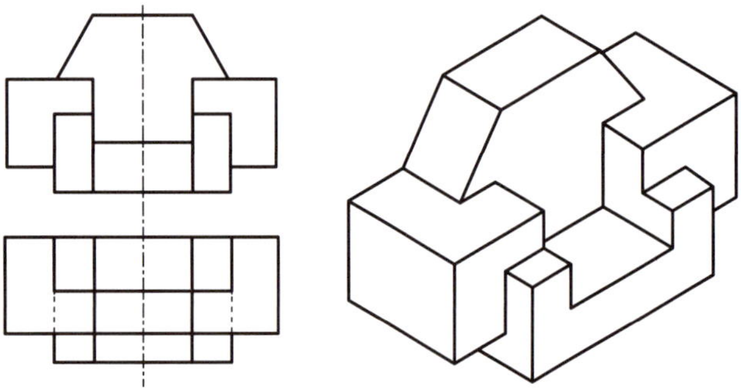
图4-11 联系两个视图分清形体高低前后

视图了，如图4-14所示。

这些读图的方法，在实际应用时常常是交叉综合使用，并且要结合读者的经验与知识才能使看图准确而且快速、高效。读图能力的提高往往需要大量练习，最常用的方法就是由已知两个视图试画第三个视图。

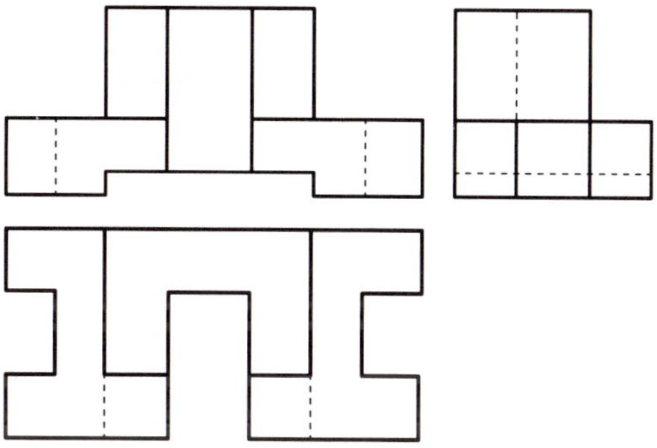

图4-14 三视图

课后拓展

（1）求两个立体的相交线的步骤有哪些？形体分析在求法过程中有什么作用？

（2）两个圆柱相交的交线是如何求的？设计两个圆柱相交的三种情况，并画出其三视图。

学习情境五

家具图样的常用表达方法

18 课时

学习目标

知识目标

1 学习家具视图相关知识及其表达的要求与原则。

2 学习家具剖面符号、局部详图的规定画法与要点。

3 学习家具榫接合、五金连接的规定画法。

4 完成家具产品图样图形绘制情境学习规定的图形绘制任务。

能力目标

1 能根据国家制图相关标准进行家具图形图样表达。

2 能绘制家具基本视图、斜视图、局部视图。

3 能根据家具形体复杂程度合理绘制家具的剖视、剖面。

4 能应用剖面符号绘制家具结构与材料的各种剖面以及局部详图。

素质目标

1 明确职业岗位的范围，不断提高自身的职业能力。

2 培养分析问题和解决问题的能力。

课前学习 了解家具视图的基本种类

一、基本视图

6个视图的形成及投影规律

按国家标准规定，用正六面体的6个平面作为基本投影面，从物体的前、后、左、右、上、下6个方向向6个基本投影面投影，得到的6个视图称为基本视图。在6个基本视图中，除前面已介绍过主、俯、左视图3种外，还有右视图、仰视图、后视图。各投影面的展开方法如图5-1所示，各基本视图的配置如下：6个基本视图之间仍然符合“长对正，高平齐，宽相等”的投影规律。从图中可看出：左、右、俯、仰视图上离主视图较远的部位表示零件的前面，较近的部位表示零件的后面。在同一张图纸内，按上图配置视图时，一律不标注视图的名称。

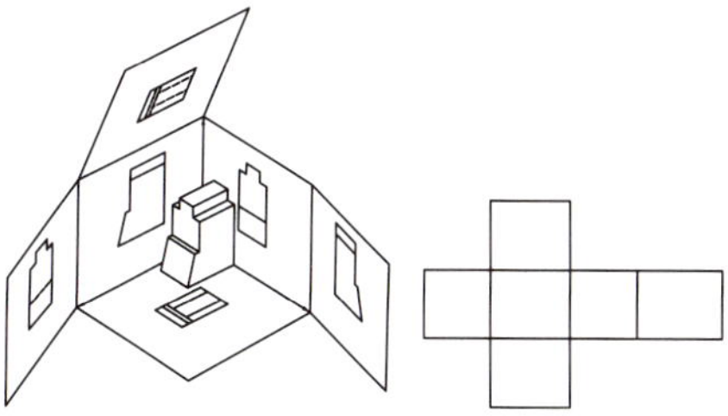

图5-1 6个基本视图的由来与投影面展开图

二、家具图样主视图的选择

主视图的选择要考虑最有效地使看图者弄清要表达物体的形状特点，其次还要便于加工，避免为要与加工时图形与工件的方向一致而颠倒图纸看图。反映形体特征是主视图最主要的选择原则。对物体来说，常常是以“正面”作为主视图投影方向，如图5-2所示沙发。

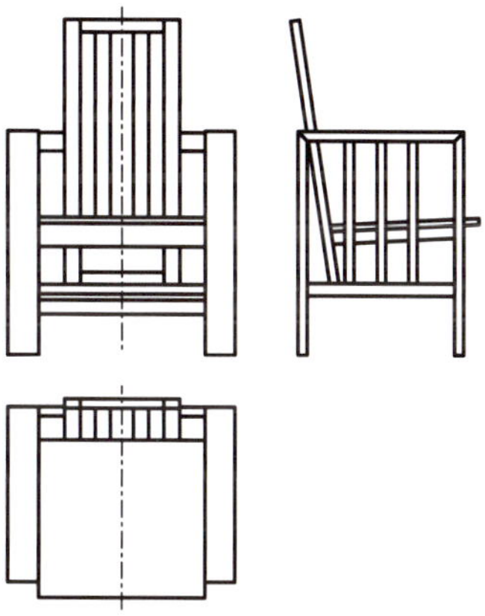

图5-2 反映形体特征

三、家具图样视图数量的确定

要表达一件家具或者其中某一部件零件，应该画几个视图合适，这要取决于物体本身的复杂程度，原则是要无遗漏地表达清楚形体的方方面面，其次是要便于看图和简便画图，也就是要避免重复表达。从这个原则来说，视图数量视复杂程度而定，一般用3个视图表达就比较清楚了，但是如果可以用2个视图表达清楚就不用3个视图，如图5-3所示家具的一个零件，2个视图可以清楚表达该构件的结构；但是，有的家具用3个基本视图表达还不够，就需要用更多视图来表达。

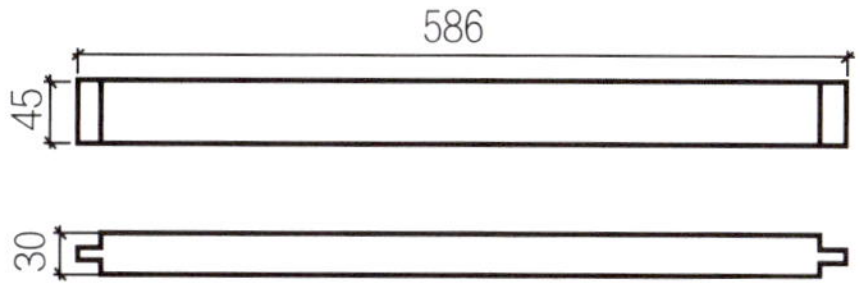

图5-3 2个视图可表达清楚的零件

课中学习　家具的视图和轴测图

一、视图

用正投影法绘制出的物体的图形为视图。视图一般用来表达外部结构形态，除了之前介绍的基本视图，还有向视图、斜视图与局部视图。

1. 向视图

有时根据视图表达的需要，有些视图可以不画出来。有时考虑各视图在图纸中的合理布局问题，我们可以注出视图的名称“×”（×为大写英文字母），在相应的视图附近用箭头指明投影方向，并注上同样的字母，如图5-4所

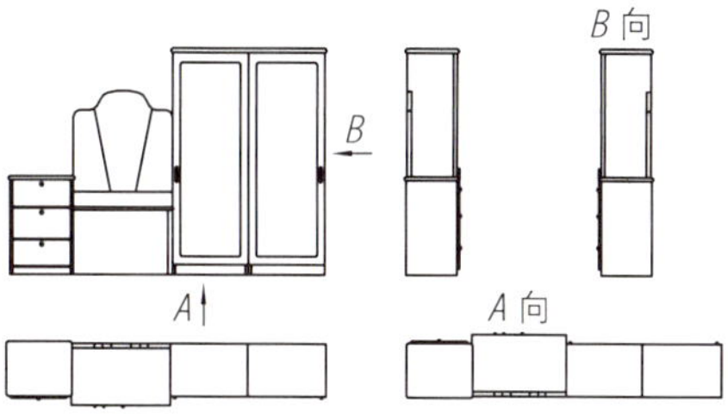

图5-4 向视图

示，这种视图称为向视图。

2. 斜视图

将零件向不平行于任何基本投影面的平面投影所得的视图称为斜视图。斜视图通常只要求表达该零件倾斜部分的实形，故其余部分不必全部画出，其断裂边界用波浪线表示，如图5-5所示标注。

斜视图一般按图5-5所示配置，在向视图的上方标注“*A*”（“*A*”为大写的英文字母），在相应的视图附近用箭头指明投影方向，并注上相同的字母。或者按照图5-5（b）所示旋转该视图，但要标明旋转方向。

3. 局部视图

家具局部视图就是仅画出家具或家具零部件部分的视图，其投影方向可以根据绘图需要进行选择。为避免重复表达，无须画整个视图，仅需表达局部形状时，当如图5-6中部件左右两端有造型需要表达时，就采用局部视图表达方法，如图5-6所示“*B*向”，也可因此省略左视图。若有两个形状完全一样的局部视图，就可用图5-6所示标注方法，都用同一个字母（*B*）表示。

如果局部视图或斜视图为封闭图形，可只画出封闭的要表达的图形；如果和整体不能分割，就要用折断线，如双折线或波浪线，画出表达的局部视图范围。

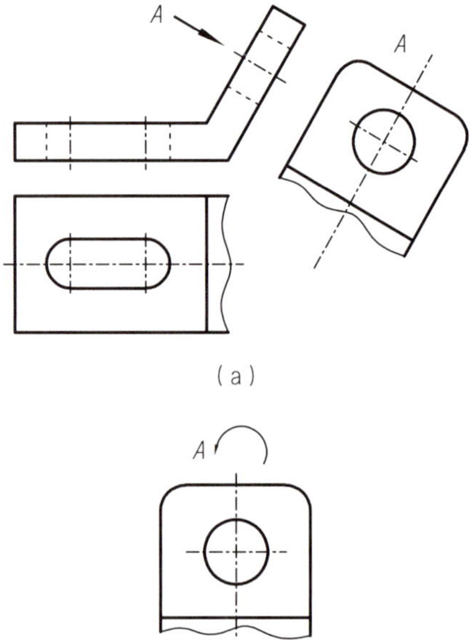

图5-5 斜视图（*A*向）

（a）按投影方向配置 （b）旋转配置

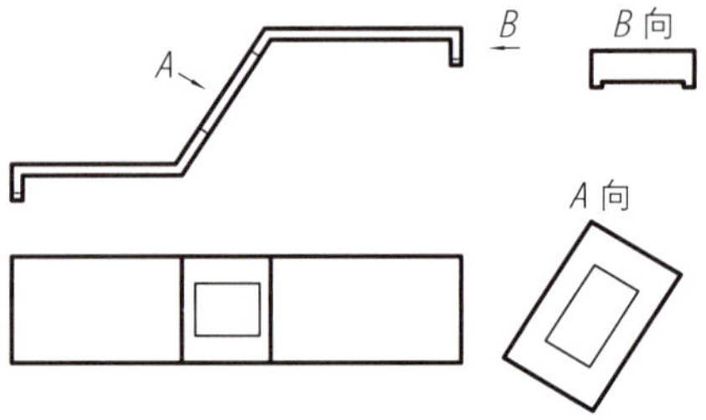

图5-6 斜视图（*A*向）和局部视图（*B*向）

二、剖视和剖面

剖视图

若零件的内部结构较复杂，在视图中就会出现很多虚线，而影响图形的清晰，不便于看图及标注尺寸，要解决这个问题，在制图中通常采用剖视的方法。假想用剖切平面把零件剖开，将处于观察者和剖切平面之间的部分移去，而将其余部分向投影面投影，这种方法称为剖视，所得的图形称为剖视图（简称为剖视）。在剖视图中，剖切到的断面部分称为剖面，在剖面上应画上剖面符号，如图5-7所示为一个抽屉剖面。

为适应不同结构需要，剖视在家具制图中有全剖视、半剖视、阶梯剖视、局部剖视和旋转剖视等。

1. 全剖视

如图5-7所示的例子就是全剖视，从图可以看出用一个剖切平面将所要表达的物体完整地剖切，这时所画的剖视

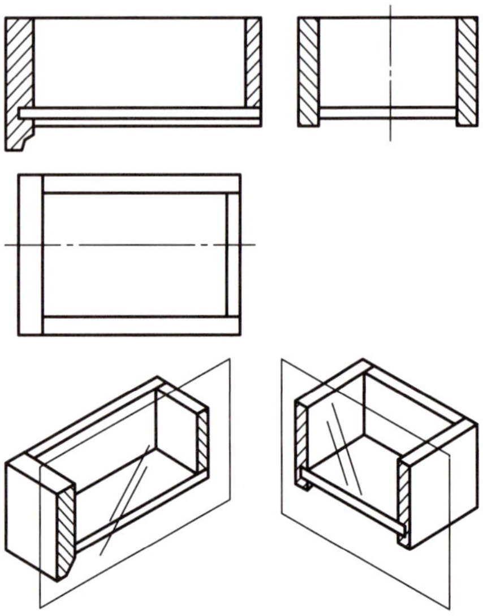

图5-7 家具部件剖视图的由来

图称全剖视图。

在装配图中要注意两个零件接合处的正确画法。如图5-7所示，抽屉底板和面板是嵌槽接合，如果紧密无缝隙接合，在图上接合处实线为两个零件所共有，不能特别加粗，更不能画成两条线。俯视图也一样，如屉面板和屉旁板、屉旁板和屉后板的接合处都是如此。如图5-8所示也是如此。

剖切平面的选择要注意，一般对称的物体常将对称平面选为剖切平面，或按需要表达的部分选择其位置，最好不要与物体表面相切。当剖切平面与物体对称面重合时，剖视的标注都可省略。剖切平面或作相当距离的移动时，并不影响剖视图形，这时也可省略标注。

2. 半剖视

如果家具或其零部件具有对称平面，这时就可一半保留外形画成视图，一半画成剖视。通过一个视图既可以表现外形也可以兼顾表达结构，中间以对称中心线点划线为界，这就是常用的半剖视图。如图5-9所示，主视图采用全剖视，而左视图采用了半剖视，俯视图采用基本视图，清楚了抽屉结构以及柜体旁、背板的接合装配关系。

半剖视图

由于半剖视也是标准规定的一种画法，并不意味着真的切去物体的一半或1/4，所以剖视和外形的分界线不能画成实线，一定要以点划线为界。如果剖切平面的位置明显，不会造成任何误解，半剖视和全剖视一样，一般可省略标注。但当物体不对称时，剖切平面位置不同就会造成剖视图不同，这时就要加以标注，如图5-10所示。

3. 阶梯剖视

用几个平行的剖切平面剖切家具或其零部件画剖视图的方法称为阶梯剖视，如图5-11所

阶梯剖视图

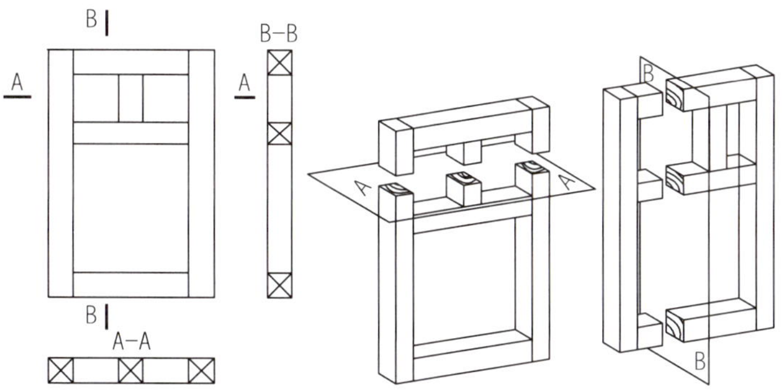

图5-8 框架的全剖视图

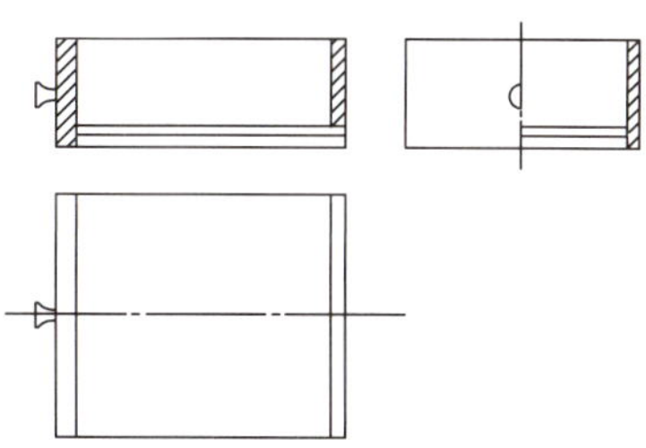

图5-9 全剖视与半剖视

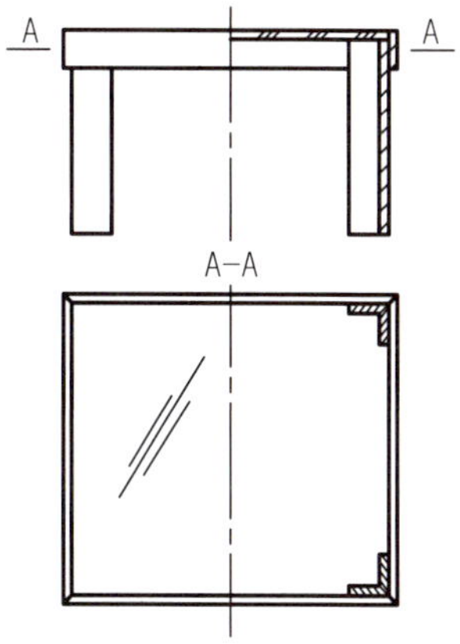

图5-10 半剖视剖切符号

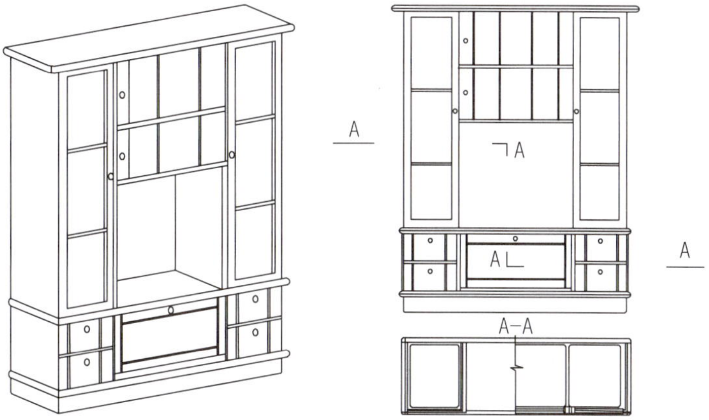

图5-11 阶梯剖视

示。餐具柜上面和下面内部结构都需要表达，门也不同，这时用一个水平剖切平面就无法兼顾。就用了两个平行的剖切平面，左边剖上面，右边剖下面，中间以双折线为界，图5-10中A-A图即为阶梯剖视图。在图5-11中，两个平行剖切平面位置剖切符号都用字母A，在转弯处也要画上与之相垂直的粗实线段。

4. 局部剖视

用剖切平面局部地剖开家具或其零部件所得的剖视图称为局部剖视图，如图5-12所示。如作全剖视则外形上结构部分就无法表达，又因抽屉这一方向上不对称，不能用半剖，所以用局部剖视。局部剖视中剖视部分与外形部分用波浪线为界。局部剖视剖与不剖之间通过比较随意的线作为分界线，如图5-13所示。

局部剖视图

5. 旋转剖视

用两个相交且交线垂直于某一基本投影面的作为剖切平面，在剖切时以剖切平面交线为轴剖开物体的方法称为旋转剖视，如图5-14所示。

6. 剖面

假想用剖切平面将零件某处切断，仅画出断面的图形称为剖面图（断面图）。剖面图也是用来表示形体内部形状的，剖面可以分为移出剖面和重合剖面。

移出断面图和重合断面图

如图5-15（a）所示，剖面画在原视图轮廓线外即为移出剖面，反之，剖面画在轮廓线内时就称为重合剖面，如图5-15（b）所示。如果剖面形状不对称需画上投影方向，也是一段粗实线，长4~6mm，与剖切位置符号线段垂直，当剖面移出时，移出剖面位置是处于基本视图规定位置，如图5-15（a）中剖面画在左视图位置，这时表示投影方向的一段粗实线可省略不画（图中未省）。而重合剖面如图5-15（b）所示，其剖面轮廓线均用细实线画出。如图5-15（a）所示，当

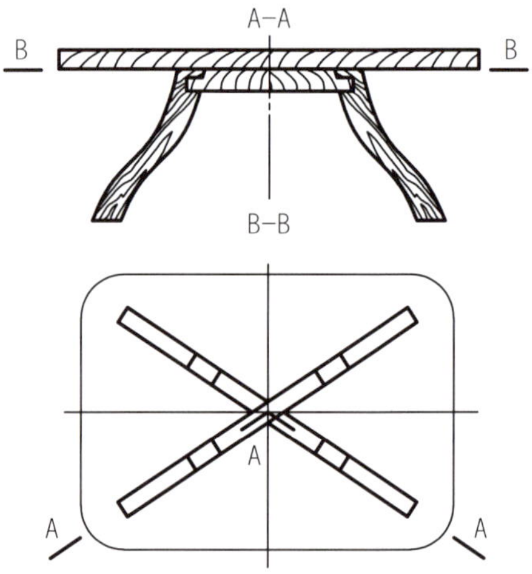

图5-14 旋转剖视

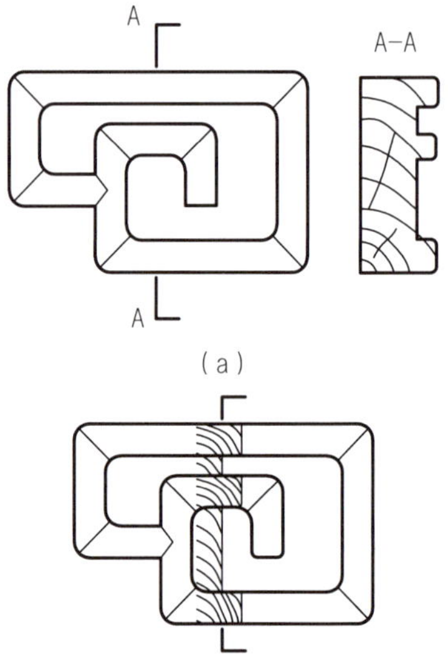

（a）

（b）

图5-15 移出剖面与重合剖面
（a）移出剖面 （b）重合剖面

图5-12 局部剖视图

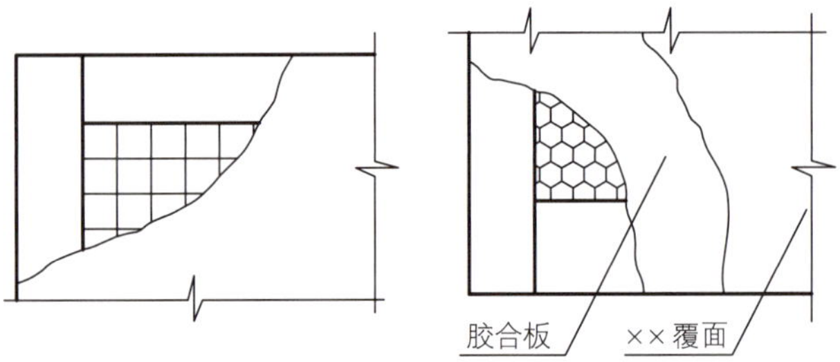

图5-13 局部剖视的不同形式

剖面形状对称时，就省略剖切投影方向粗实线。如图5-16所示移出剖面，移出的剖面画在剖切平面迹线的延长线上（剖切平面迹线是剖切平面与投影面的交线，这里用点划线表示），这时可省略字母。

重合剖面形状不对称时，就一定要画出代表投影方向的短粗实线，如图5-17（b）所示，可与图5-17（a）作比较。当剖面对称时，剖面也可画在视图中断处，当然不能因视图画成中断而影响视图的表达，如图5-18所示。当用重合剖面来表达雕饰时，一般都只画出雕饰部分的凹凸形状，如图5-17（b）所示。

绘制家具图样时，总要通过各种剖视图来清楚地表示家具结构，必然会对零件进行剖切，制作家具的材料有很多种，比如木材、玻璃等，零部件被剖切，通过不同符号表示不同的材料，这对于迅速看懂图纸非常重要。

家具常见材料的表示方式

在剖视图和剖面图上，不同材料的物体应采用不同的剖面符号。剖面符号仅表示材料的类别，材料的名称和代号必须另行注名。当家具或其零部件画成剖视或剖面时，假想被剖切到的实体部分，一般应画出剖面符号，以表示已被剖切的部分和零部件的材料类别。各种材料的剖面符号画法家具制图标准做了详尽规定，要注意的是剖面符号用线（剖面线）均为细实线。如图5-19所示列出了家具常

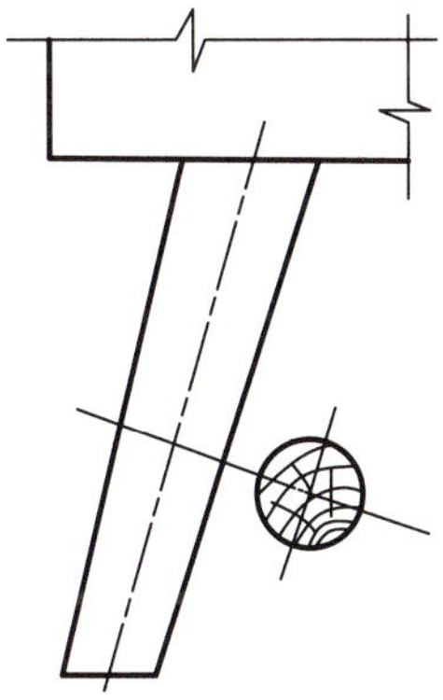

图5-16 移出剖面画在剖切平面迹线延长线

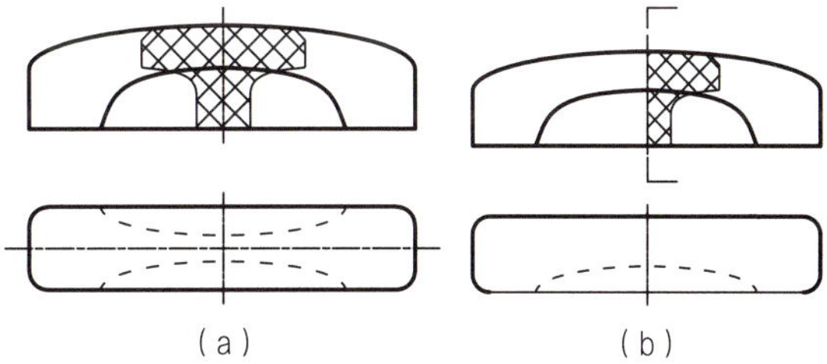

图5-17 重合剖面对称与不对称标注

图5-18 剖面画在视图中断处

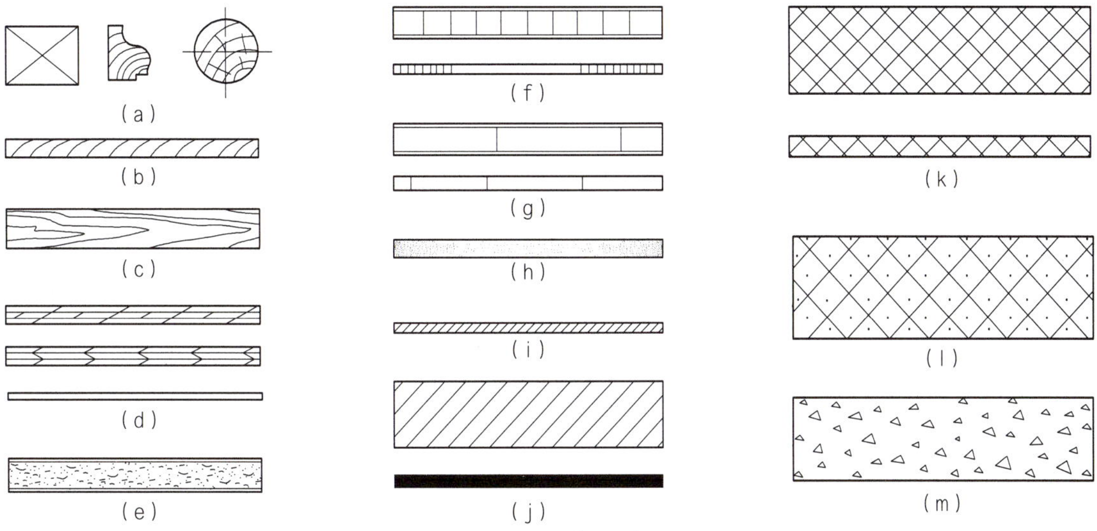

图5-19 剖面符号画法

用材料的剖面符号画法。

如图5-19所示，（a）为方材横断面，方材横断面的剖面符号以相交的两条直线为主；（b）为板材横断面，板材只能用徒手画近似年轮的弯曲细实线；（c）为木材纵断面，当画纵剖剖面符号会影响图形清晰时，允许省略剖面符号；（d）为人造板中胶合板剖面符号，层数用文字另注，图中不论层数多少都画成三层，两种画法均可；细实线方向为与主要轮廓线呈30° 倾斜，当在图形中因厚度很小无法再画出两条细实线时可允许省略剖面符号；（e）为覆面刨花板；（f）为细木工板横断面；（g）为细木工板纵断面。当在基本视图上，覆面刨花板、细木工板、空芯板等有覆面的部分均不需单独画出；（h）为纤维板；（i）为薄木；（j）为金属，是与轮廓线呈45° 的细实线。当在图上很薄时，如厚度在图形中小于或等于2mm时，则剖面涂黑表示；（k）为塑料、有机玻璃等，是45° 倾斜的小方格；（l）为软质填充料，画法是45° 倾斜方格中加一个小黑点，方格一般比（k）中的略大；（m）为砖石料。

家具中有些材料，如玻璃、镜子和网纱等材料不仅需要用其剖面符号，而且未被剖切时也要画上符号表示，这些未被剖切也需要画上符号的材料表示方法如图5-20所示。（a）为玻璃，是与轮廓线呈30° 或60° 的三条细实线为一组组成；（b）为镜子，是垂直于主要轮廓线的两条细实线为一组组成；（c）为网纱，是两组小方格，右边则是它们的剖面符号，其中网纱有两种画法，均可选用；（d）为空心板，右边下面是基本视图中的画法。

剖面符号不能完全表达材料具体名称时，往往加文字注明，如图5-21所示。用细实线作为引线，分隔标注材料名称，必要时还要写明材料厚度。

当要画剖面符号的图形面积较大或较长时，一般在两端只画出部分剖面符号，以简化图形，这样图形更加清晰美观，如画满，反而会使图形呆板，层次单一，如图5-22所示。

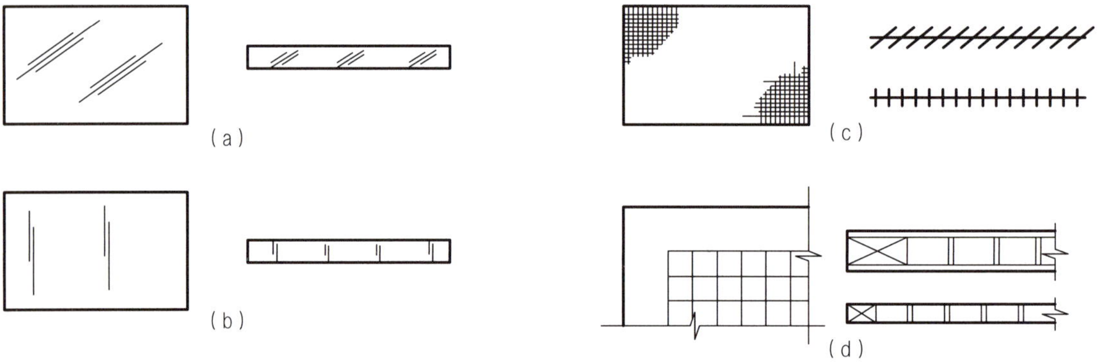

图5-20 图例及剖面符号图

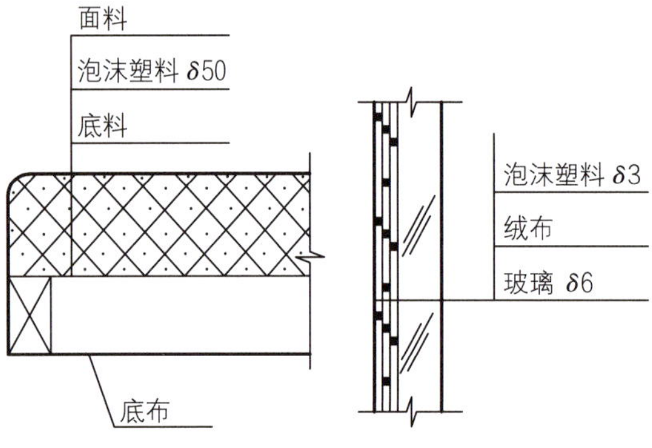

图5-21 多层结构材料的画法

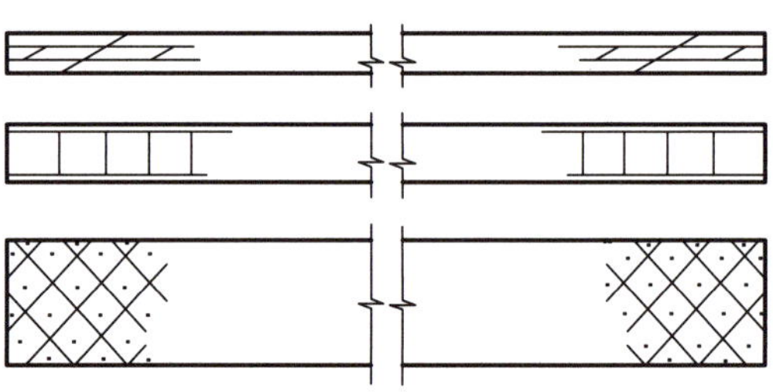

图5-22 剖面符号的简化绘制

三、局部详图

家具或其零部件的局部结构在基本视图中或按图纸比例大小画出的其他图形中往往由于太小无法表达清楚，所以需要用大于基本视图或原图形比例画出，以便清晰表达设计目的，这样的图形称为局部详图，如图5-23所示。

局部放大视图

局部详图是表达家具结构的最常见方法，使原图形视图用缩小比例造成图形局部过小无法清晰表达的问题得到解决。局部详图可以是剖视、视图、剖面，其中剖视最为常见。局部详图一般安排在被放大的图形处，同时有投影联系或结构联系的局部详图尽可能整体绘制，要尽可能与原图形相联系。

局部详图必须清晰标注，使读图者能根据标注很快找到局部详图在原图形中的位置，同样可通过原图形知道道哪些局部有详细的放大图，并且知道相应的局部详图位置。局部详图标注要求是在视图中被放大部位的附近，应画直径8mm的实线圆圈作为局部详图索引标志，圈中写上数字，如图5-24（a）所示，同时在相应的局部详图附近则画上直径12mm的粗实线圆圈，圈中写上同样的数字作为局部详图的标志。粗实线圆的右边中间画一水平实线，上面加注局部详图所用比例。

在同一图纸内，局部视图、局部详图、家具上某零部件的局部视图都可画成与原视图不同的比例，不同局部详图的比例可以不同，具体如图5-24（b）所示。

四、轴测图

物体按正投影方法画出视图，可获得物体正确的形状，且图形简明清晰，画图也较简单。然而也正由于积聚性、实形性这些特点，造成没有了立体感。要画出有立体感的图形就要按别的方法，轴测图就是其中的一种，它仍利用平行投影。为了用一个投影面就能看到立体前后、上下、左右三个方向的图形，可采用不同的方法。

轴测图的基本知识

（一）斜轴测图

将立体连同三个方向的坐标轴一起按斜投影方法在某投影面上投影就可得出斜轴测图。如图5-25所示立方体，令其立体正面平行于轴测投影面*P*，则正面形状仍将反映实形。*X*方向、*Z*方向长度及夹角90°都不变，仅深度*Y*方向呈现倾斜，且将*Y*方向长度以原深度的50%画出，这是较常用的一种画法，称为“正面斜二测”。*Y*轴倾斜的角度一般是45°，也可用30°或60°，这些角度画图比较方便。现举例说明正面斜二测图的画

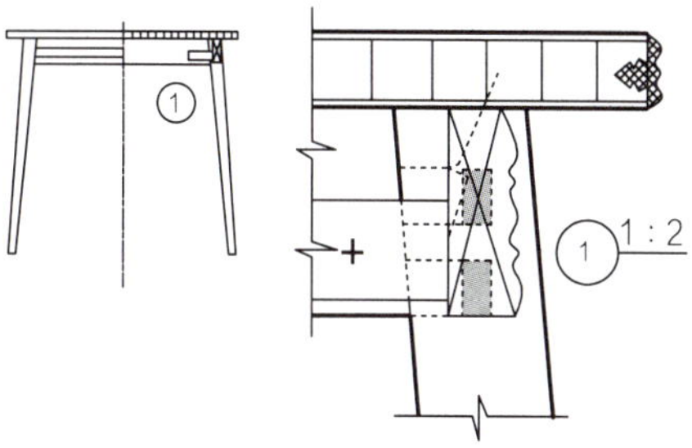

图5-23 局部详图及标注

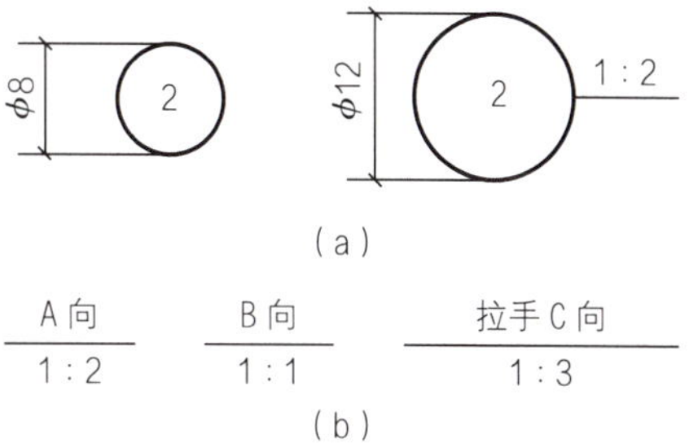

图5-24 局部详图标注符号

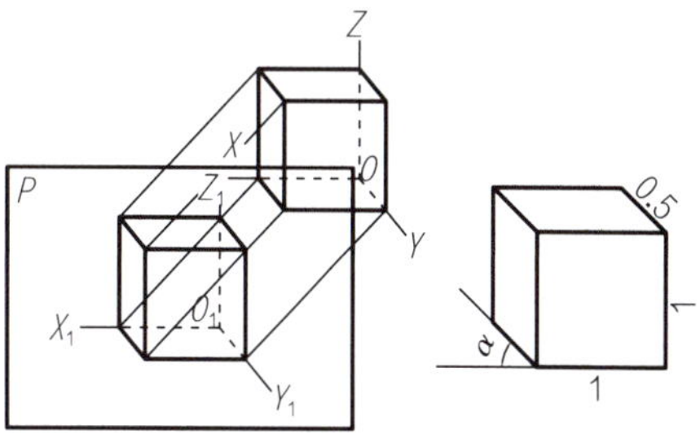

图5-25 正面斜轴测图的形成和立方体正面斜轴测图

法，如图5-26所示。已知立体的两个视图，要画其正面斜二测图。画法可应用形体分析方法分解其组成部分，逐步画出，如图5-26所示，然后擦去作图线，包括后面看不见的线条，因为轴测图一般是不画虚线的，最后加深完成作图。

在画室内设计轴测图时，经常将顶面平行于轴测投影面反映实形画出，这就是水平斜轴测图。如图5-26所示立体如画成水平斜轴测图则如图5-27所示。读者可分析其作图过程，这里不同于前面的是将水平投影或俯视图按原样旋转一定角度（30°、60° 或45°），高度方向仍保持垂直。为作图方便，高度方向长度也不缩短画出。

（二）正轴测图

如按正投影方法来画轴测图，为了表现三个方向都不发生积聚性，只有使X，Y，Z三个方向都倾斜于轴测投影面P，如图5-28所示。当三个方向与投影面倾斜角度一致时，轴测投影图像轴间角就等于120°。为了画图方便，度量三个方向都不缩短，按实际尺寸画出，这样画出的立体图当然比实际投影所得要大些，但这不影响立体感，所以一般都这样画。仍以图5-26所示立体为例，图5-29画出了该立体正等轴测图的作图过程。

（三）圆柱的轴测图画法

1. 斜轴测

如图5-30所示是圆柱的斜轴测图画

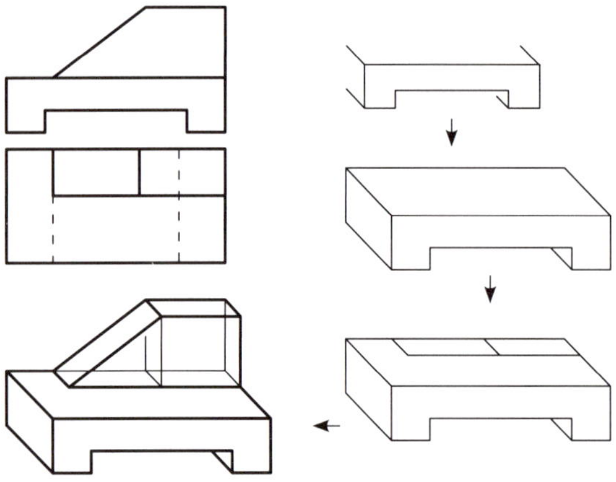

图5-26 正面斜二测图的作图过程

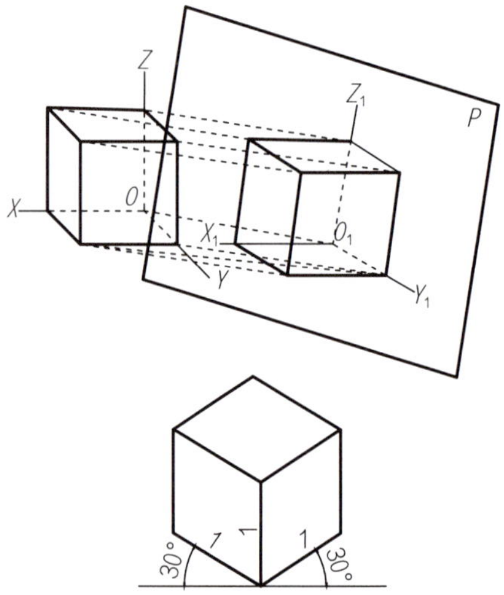

图5-28 正轴测图的形成与立方体的正等轴测图

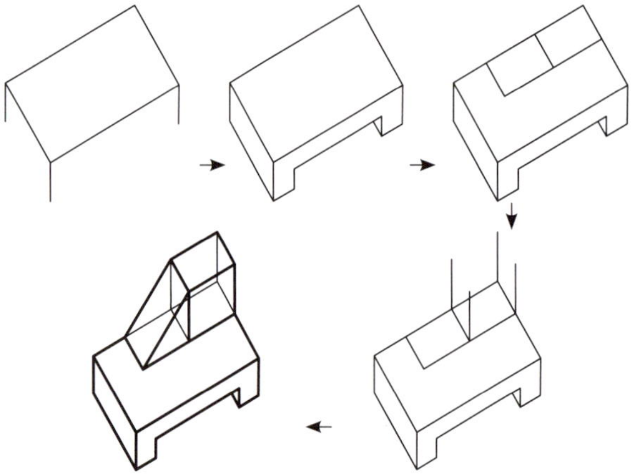

图5-27 水平斜轴测图的作图过程

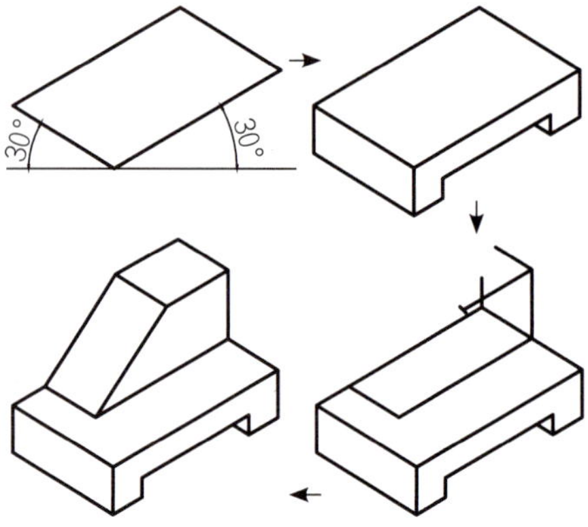

图5-29 正等轴测图的作图过程

法。这里由于轴线的不同位置，如图5-30（a）所示是用水平斜轴测，如图5-30（b）所示是用正面斜二测，目的是使圆可反映实形，方便画图。

当圆处于水平面位置时要画正面斜二测的画法，如图5-31所示。先按中心线方向作出该圆的外切正方形的轴测图，为一平行四边形，在平行四边形中画出中心线的轴测图，两条中心线与四边形交点即椭圆上的四个点。再连对角线，用两条辅助作图线与对角线相交再获得另外四个椭圆上的点，光滑连接这八个点即为所求的椭圆，这个方法称为“八点法”，辅助线的求法见图5-31中步骤（1）。画圆柱底圆时，可以将已求出的八点选择可见地下移一个高度，即按轴线方向移动圆柱高度，取得底圆椭圆上的一些点光滑连接，最后作两个椭圆公切线，完成作图。

2. 正等测

如图5-32所示是圆柱轴线为铅垂线时的正等测图。

圆柱的正等测图可见水平面圆在轴测图上是椭圆，它的近似画法如图5-33所示。图中画的是一个水平圆，首先按圆的中心线方向（*X*和*Y*轴方向）画出两条中心线*AB*与*CD*，按直径大小在这两条中心线轴测图上量得*A*、*B*、*C*、*D*四点。过这四点作圆的外切正方形的正等测图，是一个菱形。以两个钝角1、2为圆心，以1*C*、1*B*和2*A*、2*D*为半径作两个大圆弧，如图5-33中步骤（2）所示。再连接菱形水平对角线，以菱形中心为圆心，以中心到大圆弧距离（*E*点）为半径作圆弧交于水平对角线上3、4两点，3、4两点即为两个小圆弧的圆心，连接大小圆心并延长至与大圆弧相交，即可找出小圆弧半径，如图5-33中步骤（4）所示，连1、3延长至*F*，以3*F*为半径画小圆弧。另一边完全一样作图。如为作圆柱的正等轴测，另一个椭圆可利用已求出的圆心，移位重复作大小圆弧即成，最后按轴线方向作两个椭圆的公切线，可完成作图。

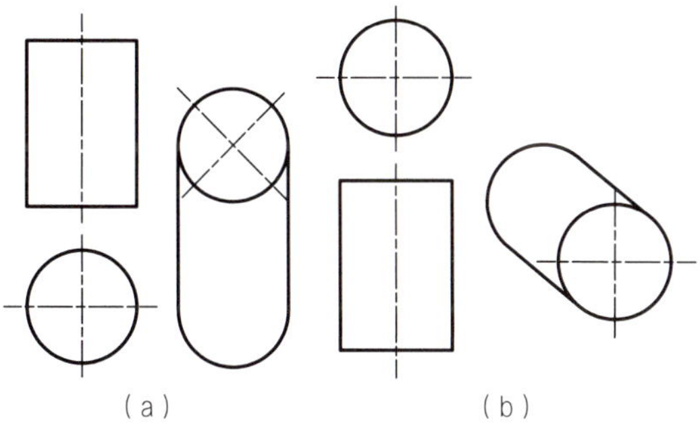

图5-30 圆柱的斜轴测图画法

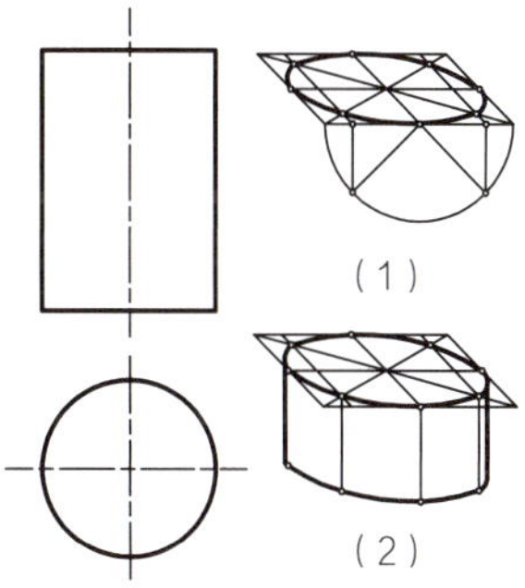

图5-31 斜二测图中椭圆的近似画法

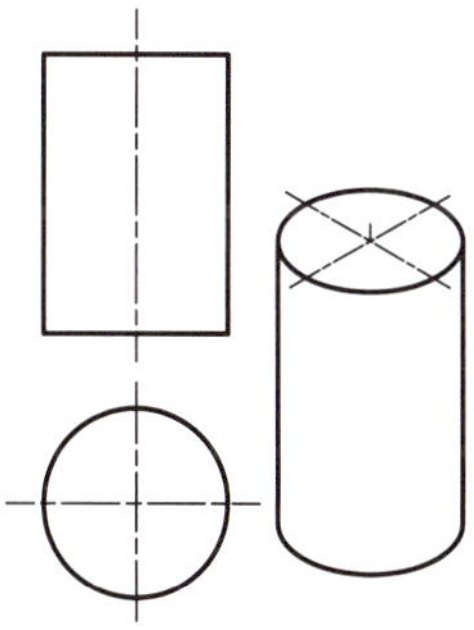

图5-32 圆柱的正等测图

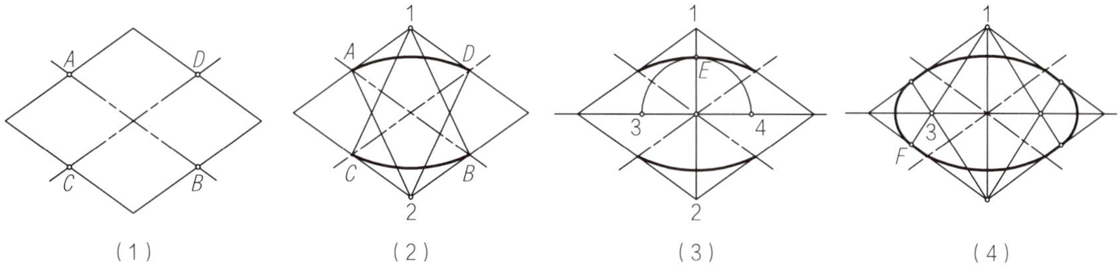

图5-33 正等测近似椭圆画法

课后拓展

一、家具专用连接件画法

家具专用连接件画法

二、榫接合连接件的画法

榫接合连接件的画法

学习情境六

CAD绘制二维图形

20 课时

学习目标

知识目标

1 熟练掌握CAD计算机绘图坐标种类与表达方式，了解人机信息对话方式。

2 掌握已有图形的重复使用，学会避免烦琐重复的绘图劳动。

3 掌握块的设置与利用。

4 能准确快速绘制点、直线等基本元素和面域。

能力目标

1 熟练掌握CAD计算机绘图坐标种类与表达方式。

2 熟练掌握CAD绘图辅助工具，快速准确绘图，提高绘图技巧与速度。

3 熟练掌握CAD简单二维图形与高级图形的绘制。

4 掌握已有图形的重复使用，避免重复劳动。

课前学习 家具CAD入门

本章主要介绍AutoCAD概述、家具CAD基础等知识点，通过对知识点与设计方法的熟练掌握，为后面章节的项目化设计做理论铺垫。

一、家具 CAD 概述

CAD是计算机辅助设计（Computer Aided Design）的简称，是电子计算机技术应用于工程领域产品设计的交叉技术。它包含的内容很多，比如工程绘图、三维设计、优化设计等。CAD的应用涉及机械、建筑、电子、宇航、纺织等许多工业领域。CAD软件的种类很多，涵盖范围很广，本章主要介绍目前应用最广泛的CAD软件AutoCAD。

（一）AutoCAD简介

AutoCAD是由美国Autodesk公司于20世纪80年代初为能在微机上用CAD技术而开发的绘图程序软件包，经过不断完善，目前已经成为国内外广泛使用的计算机绘图软件，其具有丰富的绘图功能。

（1）可以绘制任意的二维和三维图形，同传统的手工绘图相比，用AutoCAD绘图速度更快、精度更高。

（2）具有良好的用户界面和广泛的适应性，通过交互菜单或命令行方式便可以进行各种操作，它可以在各种操作系统支持的微机和工作站上运行。

（3）能以多种方式创建直线、圆、椭圆、多边形、样条曲线等基本平面图形对象，并提供了正交、对象捕捉、极轴追踪、捕捉追踪等强大的绘图辅助工具以及移动、复制、旋转、阵列、拉伸、延长、修剪、缩放对象等图形编辑功能，使绘图精确和快速，图层管理功能非常便于图形的管理，强大的标注尺寸功能可以满足多种类型尺寸标注的要求。

（4）有比较完善的三维绘图功能，可创建3D实体及表面模型，并对实体本身进行编辑；还有强大的图形打印和发布功能。同时，还提供了多种图形图像数据交换的功能：允许用户定制菜单和工具栏，并能利用内嵌语言进行二次开发。

（二）AutoCAD基础操作窗口介绍

当安装AutoCAD后，即首次启动AutoCAD的时候，默认的界面如图6-1所示。此界面为初始设置工作空间，包括功能区、绘图区、十字光标、导航栏、命令行窗口、状态栏、布局标签和快速访问工具栏等。

1. 工作空间选择

AutoCAD中文版为用户提供了“二维草图与注释空间”“AutoCAD经典”和“三维建模”三种工作空间模式。当要选择工作空间时，可以在窗口右下角“二维草图与注释空间”处点击一下，弹出上拉菜单，可以选择“二维草图与注释空间”“AutoCAD经典”和“三维建模”三种不同的工作空间，如图6-2所示。

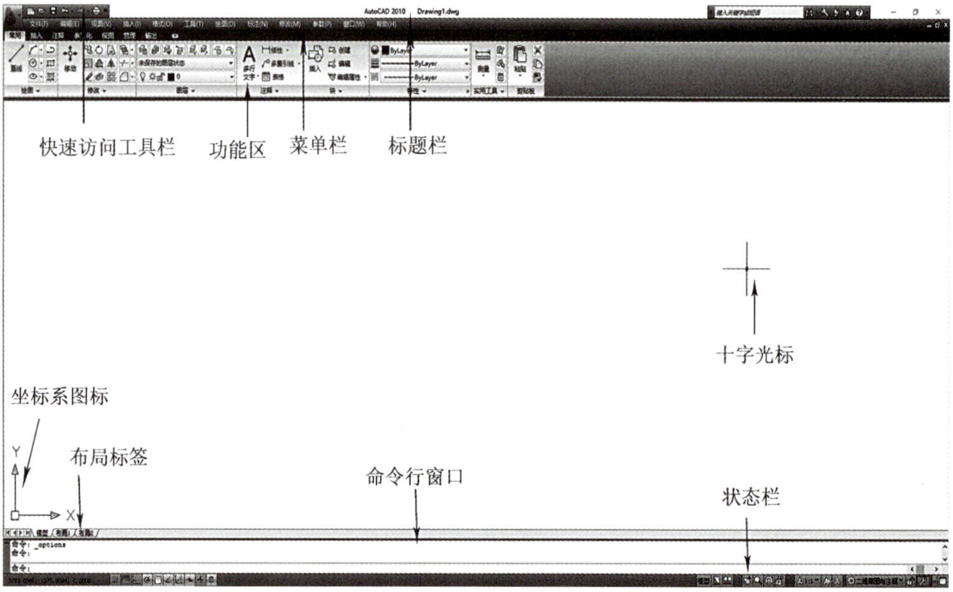

图6-1 AutoCAD初始启动工作界面

（1）二维草图与注释空间及其界面组成。默认状态下，打开“二维草图与注释”空间，其界面主要由“菜单浏览器”按钮、“功能区”选择板、快速访问工具栏、文本窗口与命令行、状态栏等元素组成，如图6-3所示。在该空间中，可以使用“绘图”“修改”“图层”“注释”“块”“特性”等面板方便地绘制二维图形。

（2）三维建模空间及其界面组成。三维建模空间主要是用来创建三维立体模型，其界面跟二维草图与注释空间的差不多，主要的区别是在功能区，其主要有“常用”“网格建模”“渲染”“插入”“注释”“视图”“管理”“输出”标签栏，其中常用标签下也是有“建模”“网格”“实体编辑”“绘图”“修改”“截面”“视图”等功能区，如图6-4所示。

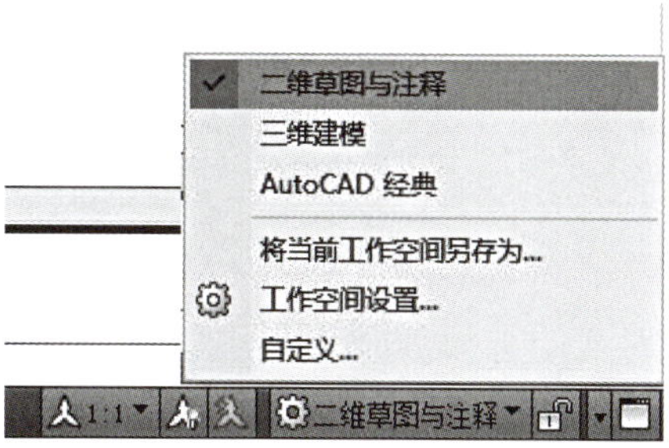

图6-2 工作空间选择

（3）经典空间及其界面组成。对于习惯于AutoCAD传统界面用户来说，可以采用“AutoCAD经典”工作空间。主要由菜单栏、工具栏、绘图窗口、文本窗口与命令行、状态行等组成，如图6-5所示。

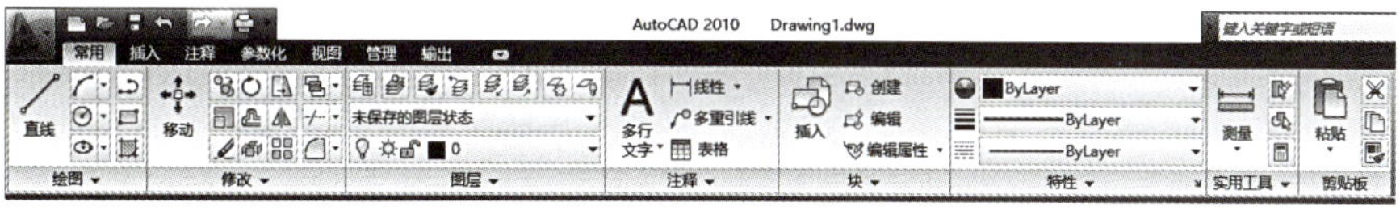

图6-3 二维草图与注释空间及其界面组成

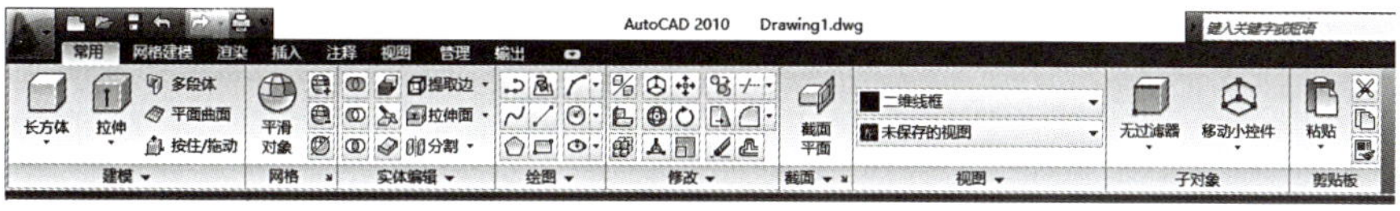

图6-4 三维建模空间及其界面组成

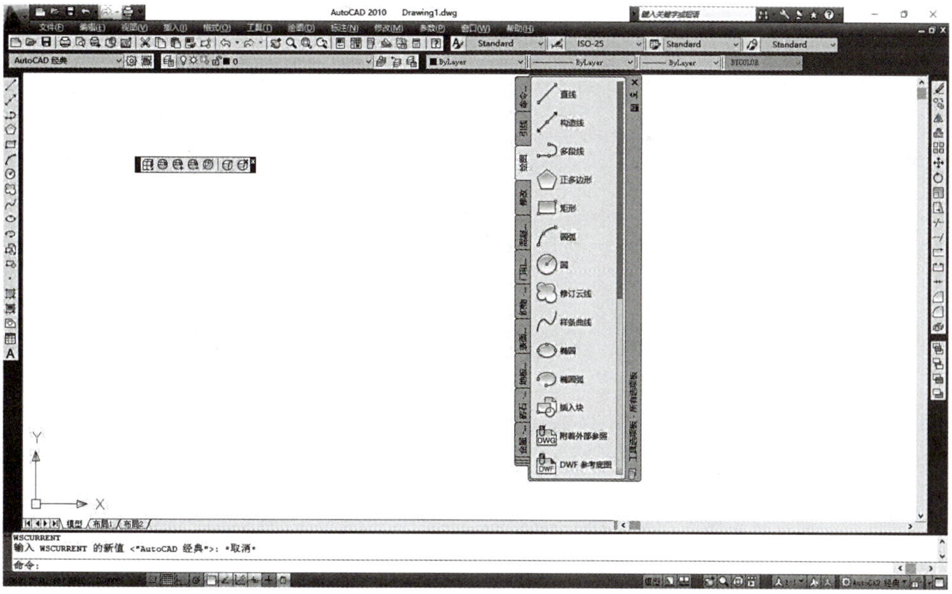

图6-5 经典空间及其界面组成

2. 标题栏

AutoCAD中文版绘图窗口的最上端是标题栏，在标题栏中，显示了系统当前正在运行的应用程序正在使用的图形文件。在用户第一次启动AutoCAD时，在标题栏中，将显示AutoCAD在启动时创建并打开的图形文件的名称Drawing1.dwg。

3. 绘图区

绘图区是指标题栏下方的大片空白区域，是用户使用AutoCAD绘制图形的区域，设计图形的主要工作都是在绘图区中完成的。

在绘图区中，还有一个作用类似光标的十字线，其交点反映了光标在当前坐标系中的位置。在AutoCAD中，将该十字线称为光标，AutoCAD通过光标显示当前点的位置。十字线的方向与当前用户坐标系的*X*轴和*Y*轴方向平行，十字线的长度默认为屏幕大小的5%。

4. 坐标系图标

在绘图区域的左下角有一个箭头指向图标，称为坐标系图标，表示在用户绘图时正使用的坐标系形式，坐标系图标的作用是为点的坐标确定一个参照系。根据工作需要，用户可选择将其关闭，方法是单击“视图”选项卡“视口工具”面板中的“UCS图标”按钮。

5. 菜单栏

单击快速访问工具栏中的按钮▼，在打开的下拉菜单中选择“显示菜单栏”选项，在功能区的上方显示菜单栏，如图6-6所示。同其他Windows程序一样，AutoCAD菜单栏也是下拉形式的，并在菜单中包含子菜单。AutoCAD的菜单栏中包含“文件”“编辑”“视图”“插入”“格式”“工具”“绘图”“标注”“修改”“参数”“窗口”“帮助”12个菜单，这些菜单几乎包含AutoCAD的所有绘图命令，后面的章节将围绕这些菜单展开讲述。

6. 工具栏

工具栏是一组图标类型工具的集合，选择菜单栏中的“工具”→“工具栏”→AutoCAD命令，调出所需要的工具栏，把鼠标光标移动到某个图标，稍停片刻即在该图标右侧显示相应的工具提示，同时在状态栏中显示对应的说明和命令名。此时，单击图标也可以启动相应命令。

7. 命令行窗口

命令行窗口是输入命令和显示命令提示的区域，默认的命令行窗口位于绘图区下方，为若干文本行。对于命令行窗口，有以下几点需要说明：

（1）移动拆分条可以扩大与缩小命令行窗口。

（2）可以拖拽命令行窗口，将其放置在屏幕上的其他位置；默认情况下，命令行窗口位于绘图窗口的下方。

（3）对当前命令行窗口中输入的内容，可以按F2键用文本编辑的方法进行编辑，如图6-7所示。AutoCAD的文本窗口和命令行窗口相似，可以显示当前AutoCAD进程中命令的输入和执行过程，在AutoCAD中执行某些命令时，会自动切换到文本窗口，列出有关信息。

（4）AutoCAD通过命令行窗口反馈各种信息，包括出错信息。因此，用户要

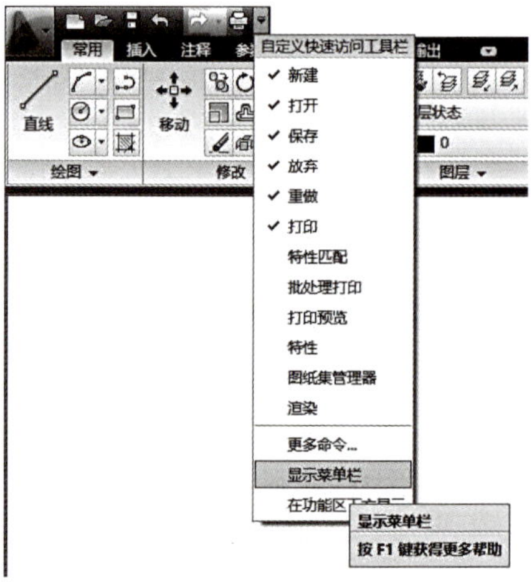

图6-6 选择“显示菜单栏”选项

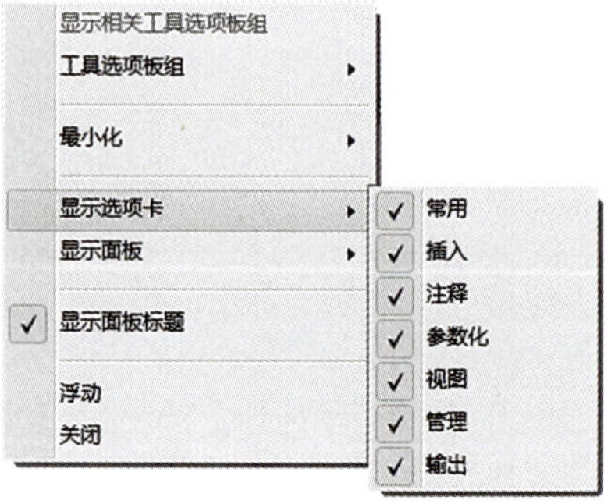

图6-7 文本窗口

时刻关注命令行窗口中出现的信息。

8. 布局标签

AutoCAD系统默认设定一个“模型”空间布局标签和“布局1”“布局2”两个图纸空间布局标签。

（1）布局。布局是系统为绘图设置的一种环境，包括图纸大小、尺寸单位、角度设定、数值精确度等，在系统默认的3个标签中，这些环境变量都是默认设置。用户可以根据实际需要改变这些变量的值，也可以根据需要设置符合自己要求的新标签，具体方法将在后面章节中介绍。

（2）模型。AutoCAD的空间分为模型空间和图纸空间。模型空间是通常绘图的环境，而在图纸空间中，用户可以创建称为“浮动视口”的区域，以不同视图显示所绘图形。用户可以在图纸空间中调整浮动视口并决定所包含视图的缩放比例。如果选择图纸空间，则可打印多个视图，也可以打印任意布局的视图。AutoCAD系统默认打开模型空间，用户可以通过单击选择需要的布局。

9. 状态栏

状态栏位于屏幕的底部，从左到右依次有“图形坐标”“捕捉模式”“栅格显示”“正交模式”“极轴追踪”“对象捕捉”“对象捕捉追踪”“允许/禁止动态UCS”“动态输入”“显示/隐藏线宽”“快捷特性”“模型或图纸空间”“快速查看布局”“快速查看图形”“平移”“缩放”“SteeringWheels”“ShowMotion”“注释比例”“注释可见性”“切换工作空间”“锁定用户界面”功能开关按钮，单击这些开关按钮，可以实现对应功能的开启和关闭。

10. 快速访问工具栏与交互信息工具栏

（1）快速访问工具栏。该工具栏包括“新建”“打开”“保存”“另存为”“放弃”“重做”“打印”等常用工具。用户也可以单击本工具栏后面的下拉按钮，设置需要的常用工具。

（2）交互信息工具栏。该工具栏包括“搜索”“AutodeskOnline服务”“交换”“帮助”等几个常用的数据交互访问工具。

11. 功能区

在默认情况下，功能区包括“默认”“插入”“注释”“参数化”“视图”“管理”“输出”选项卡，如图6-8所示。每个选项卡集成了相关的操作工具，方便用户使用。用户可以单击功能区选项后面的▼按钮，控制功能的展开与收缩。

打开或关闭功能区的操作方式：命令行：RIBBON或RIBBONCLOSE。菜单栏：“工具”→“选项板”→“功能区”。

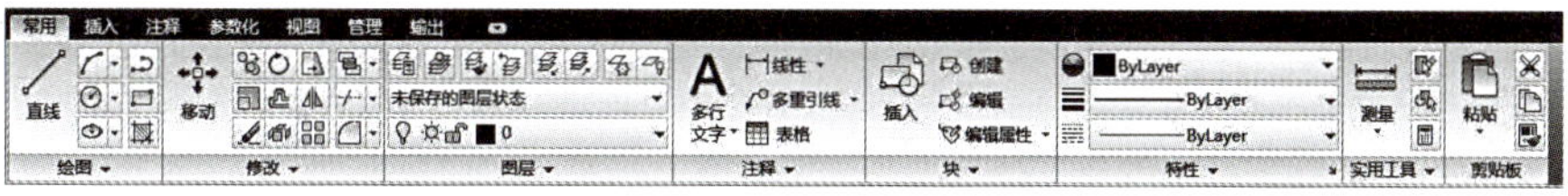

图6-8 默认情况下功能区选项卡

（1）设置选项卡。将光标放在面板中任意位置处，右击，打开如图6-9所示的快捷菜单。单击某一个未在功能区显示的选项卡名，系统自动在功能区打开该选项卡。反之，关闭选项卡（调出面板的方法与调出选项板的方法类似，这里不再赘述）。

（2）选项卡中面板的“固定”与“浮动”。面板可以在功能区“浮动”，如图6-10所示，“注释”面板的位置从原来的中间位置（见图6-8）拖到现在的位置。也可以把“固定”面板拖出，使它成为“浮动”面板。

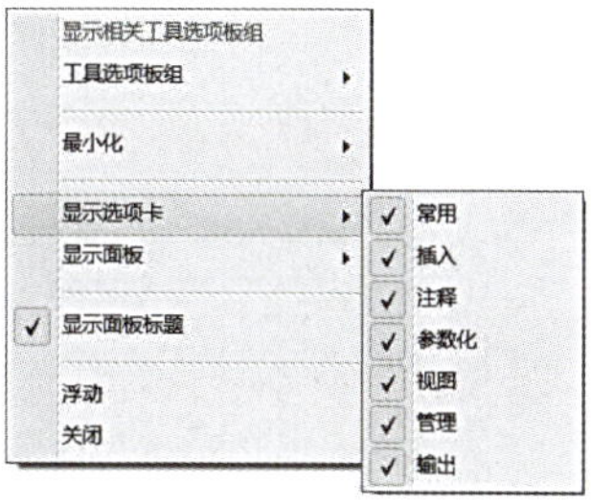

图6-9 快捷菜单

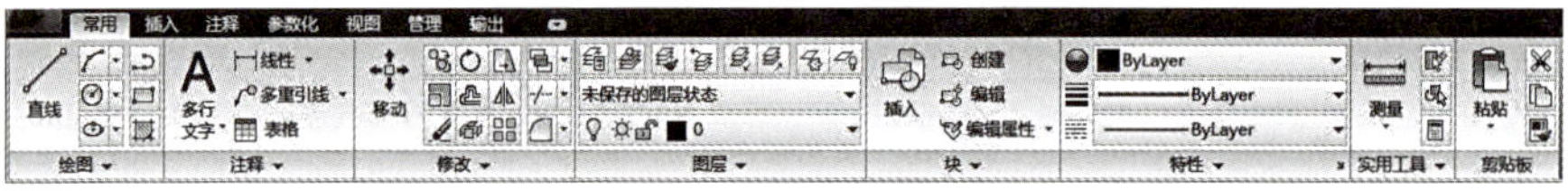

图6-10 功能区“浮动”面板

二、家具 CAD 基础

（一）管理图形文件

在AutoCAD中，管理图形文件包括创建新的图形文件、打开已有的图形文件、关闭图形文件以及保存图形文件等操作。

1. 创建新图形文件

选择“文件”→“新建”命令（NEW），或在“标准”工具栏中单击“新建”按钮，可以创建新图形文件，此时将打开“选择样板”对话框。

在“选择样板”对话框中，可以在“名称”列表框中选中某一样板文件，这时在其右边的“预览”框中将显示该样板的预览图像。单击“打开”按钮，可以以选中的样板文件作为样板创建新图形，此时会显示图形文件的布局（选择样板文件acad.dwt或acadiso.dwt除外）。

2. 打开图形文件

选择“文件”→“打开”命令（OPEN），或在“标准”工具栏中单击“打开”按钮，可以打开已有的图形文件，此时将打开“选择文件”对话框。选择需要打开的图形文件，在右边的“预览”框中将显示该图形的预览图像。默认情况下，打开的图形文件的格式为.dwg。

在AutoCAD中，可以以“打开”“以只读方式打开”“局部打开”和“以只读方式局部打开”4种方式打开图形文件。当以“打开”“局部打开”方式打开图形时，可以对打开的图形进行编辑，如果以“以只读方式打开”“以只读方式局部打开”方式打开图形时，则无法对打开的图形进行编辑。

如果选择以“局部打开”“以只读方式局部打开”打开图形，这时将打开“局部打开”对话框。可以在“要加载几何图形的视图”选项组中选择要打开的视图，在“要加载几何图形的图层”选项组中选择要打开的图层，然后单击“打开”按钮，即可在视图中打开选中图层上的对象。

3. 保存图形文件

在AutoCAD中，可以使用多种方式将所绘图形以文件形式存入磁盘。例如，可以选择“文件”→“保存”命令（QSAVE），或在“标准”工具栏中单击“保存”按钮，以当前使用的文件名保存图形；也可以选择“文件”→“另存为”命令（SAVEAS），将当前图形以新的名称保存。

在第一次保存创建的图形时，系统将打开“图形另存为”对话框。默认情况下，文件以“AutoCAD2007图形（*.dwg）”格式保存，也可以在“文件类型”下拉列表框中选择其他格式，如AutoCAD2004/LT2004图形（*.dwg）、AutoCAD图形标准（*.dws）等格式。

4. 关闭图形文件

选择“文件”→“关闭”命令（CLOSE），或在绘图窗口中单击“关闭”按钮，可以关闭当前图形文件。如果当前图形没有存盘，系统将弹出AutoCAD警告对话框，询问是否保存文件。此时，单击“是（Y）”按钮或直接按Enter键，可以保存当前图形文件并将其关闭；单击“否（N）”按钮，可以关闭当前图形文件但不存盘；单击“取消”按钮，取消关闭当前图形文件操作，既不保存也不关闭。

如果当前所编辑的图形文件没有命名，那么单击“是（Y）”按钮后，AutoCAD会打开“图形另存为”对话框，要求用户确定图形文件存放的位置和名称，如图6-11所示。

（二）设置密码保护

保存图形时，用户可以为图形设置密码。具体设置方法如下：

单击“文件”→“保存”命令，在弹出的“图形另存为”对话框中，单击“工具”右侧的下拉按钮，在弹出的下拉菜单中选择“安全选项”选项，弹出“安全选项”对话框，如图6-12所示。

用户可以通过单击该对话框中的“口令”选项卡，在“用于打开此图形的口令或短语”文本框中输入密码。此外，利用“数字签名”选项卡还可以设置数字签名。

为文件设置密码后，当试图打开该图形文件时系统会弹出一个对话框，要求用户输入密码。如果输入的密码正确则能够打开图形，否则就无法打开图形。

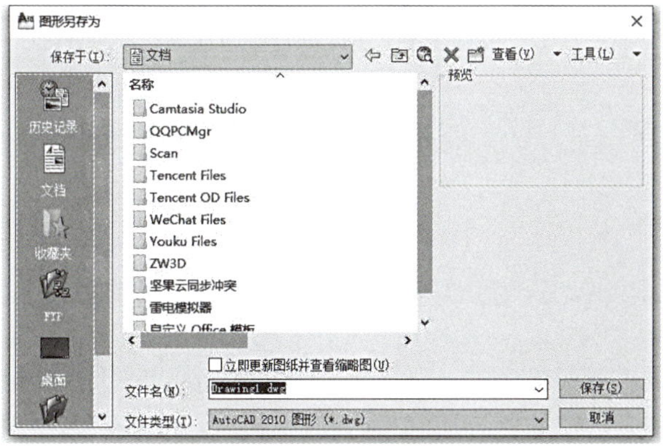

图6-11“图形另存为”对话框

（三）编辑工具栏

工具栏是一组图标型工具的集合，选择菜单栏中的“工具”→“工具栏”→“AutoCAD命令”，调出所需要的工具栏，把鼠标光标移动到某个图标，稍停片刻即在该图标一侧显示相应的工具提示，同时在状态栏中显示对应的说明和命令名。此时，单击图标也可以启动相应命令。

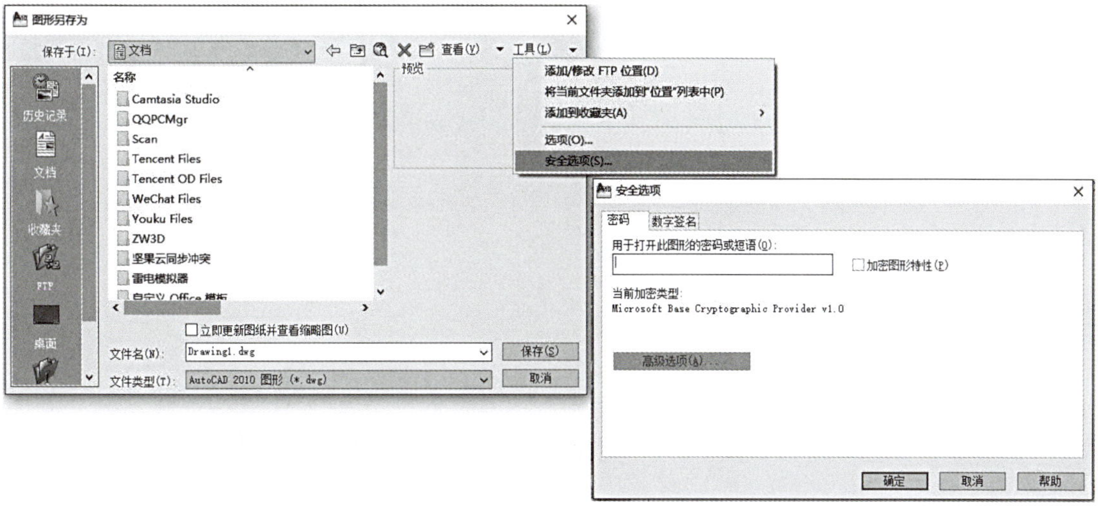

图6-12“安全选项”对话框

1. 设置工具栏

AutoCAD的标准菜单提供有几十种工具栏，选择菜单栏中的“工具”→“工具栏”→AutoCAD命令，调出所需要的工具栏，如图6-13所示。单击某一个未在界面显示的工具栏名，系统自动在界面打开该工具栏；反之，关闭工具栏。

2. 工具栏的“固定”“浮动”与“打开”

工具栏可以在绘图区“浮动”，如图6-14所示。此时显示该工具栏标题，并可关闭该工具栏，用鼠标可以拖拽浮动工具栏到绘图区边界，使其变为固定工具栏，此时该工具栏标题隐藏。也可以把固定工具栏拖出，使其成为浮动工具栏。

在有些图标的右下角有一个小三角，单击会打开相应的工具栏，将光标移动到某一图标上单击，该图标就成为当前图标。单击当前图标，即可执行相应命令，如图6-15所示。

图6-13 工具栏

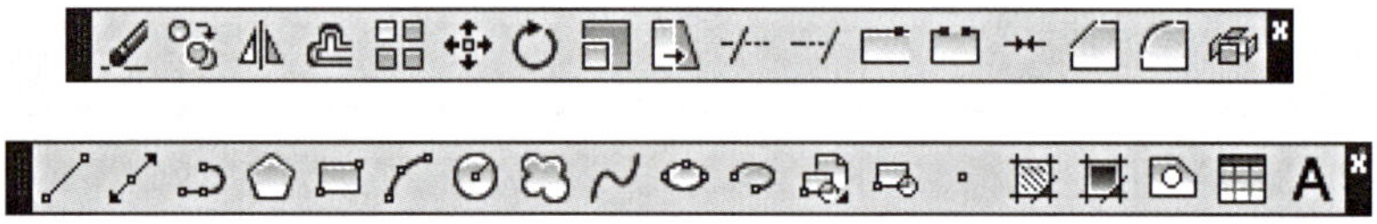

图6-14 浮动工具栏

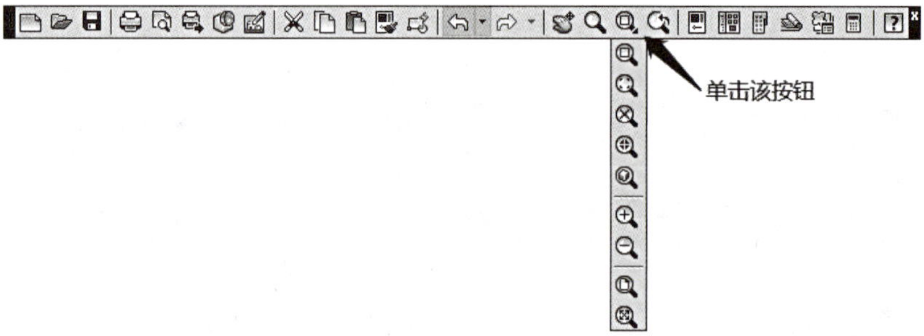

图6-15 下拉图标

（四）操作界面设置

由于每台计算机所使用的显示器、输入设备和输出设备的类型不同，用户喜好的风格及计算机的目录设置也不同，所以每台计算机都是独特的。一般来讲，使用AutoCAD的默认配置就可以绘图，但为了使用定点设备或打印机，提高绘图的效率，建议用户在开始作图前先对绘图系统进行必要的配置。其执行方式如下：

①命令行：PREFERENCES。

②菜单栏："工具"→"选项"。

③快捷菜单："选项"，在画图区右击，系统弹出快捷菜单，其中包括一些常用命令，如图6-16所示。

执行上述命令后，系统自动打开"选项"对话框。用户可以在该对话框中选择有关选项卡，即可对系统进行配置。下面仅就其中主要的几个选项卡进行说明，如图6-17所示。其他配置选项在后面用到时再做具体说明。

1. 显示

"显示"选项卡用于控制AutoCAD窗口外观，可对屏幕菜单、滚动条显示与否、固定命令行窗口中文字行数、AutoCAD的版面布局、各实体显示分辨率以及AutoCAD运行时其他各项性能参数的设置等。下面讲述了光标大小、屏幕菜单设定、屏幕颜色等知识，其余有关选项的设置可参照"帮助"文件学习。

在设置实体显示分辨率时，请务必记住，显示质量越高，即分辨率越高，计算机计算的时间越长，千万不要将其设置太高。显示质量设置在一个合理的程度上是很重要的。

（1）修改图形窗口中十字光标的大小。光标的长度默认为屏幕大小的5%，用户可以根据绘图的实际需要更改大小。改变光标大小的方法如下：在操作界面中选择菜单栏中的"工具"→"选项"命令，将弹出"选项"对话框。选择"显示"选项卡，在"十字光标大小"文本框中直接输入数值，或者拖拽文本框后的滑块，即可对十字光标的大小进行调整，如图6-17所示。在提示下输入新值即可，默认值为5%。

图6-16 快捷菜单

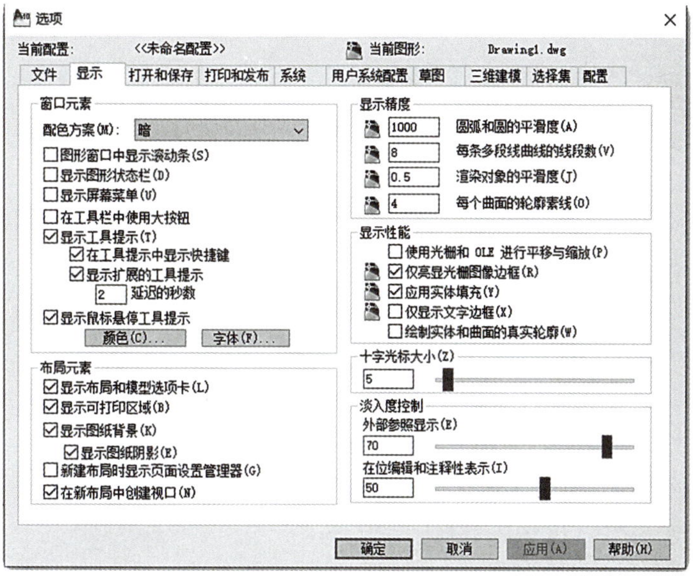

图6-17 "显示"选项卡

（2）修改绘图窗口的颜色。在默认情况下，AutoCAD的绘图窗口是黑色背景、白色线条，这不符合大多数用户的习惯，因此修改绘图窗口颜色是大多数用户都需要进行的操作。修改绘图窗口颜色的步骤如下：在如图6-17所示的选项卡中单击“窗口元素”选项组中的“颜色”按钮，打开如图6-18所示的“图形窗口颜色”对话框。单击“图形窗口颜色”对话框中“颜色”下的下拉箭头，在打开的下拉列表中选择需要的窗口颜色，然后单击“应用并关闭”按钮，此时AutoCAD的绘图窗口变成了选择的背景色，通常按视觉习惯选择白色为窗口颜色。

2. 绘图单位及角度设置

在使用AutoCAD时，用户常常开始绘图前要打开“图形单位”对话框来设置绘图时使用的长度单位、角度单位以及单位的显示格式和精度等参数。打开的方式有：

①命令行：DDUNITS或UNITS。

②口菜单栏：“格式”→“单位”。

执行上述命令后，弹出“图形单位”对话框，如图6-19所示。主要选项说明如下：

①“长度”选项组：指定测量长度的当前单位及当前单位的精度。

②“角度”选项组：指定测量角度的当前单位、精度及旋转方向，默认方向为逆时针。

③“插入时的缩放单位”选项组：控制使用工具选项板（如DesignCenter或idrop）拖入当前图形的块的测量单位。如果块或图形创建时使用的单位与该选项指定的单位不同，则在插入这些块或图形时，将对其按比例缩放。插入比例是源块或图形使用的单位与目标图形使用的单位之比。如果插入块时不按指定单位缩放，则选择“无单位”选项。

④“输出样例”选项组：显示当前输出的样例值。

⑤“光源”选项组：用于指定光源强度的单位。

⑥“方向”按钮：单击该按钮，系统显示“方向控制”对话框，如图6-20所示，可以在该对话框中进行方向控制设置。

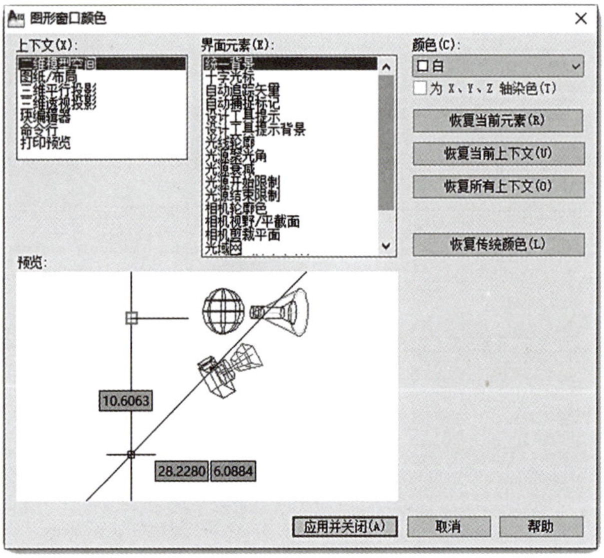

图6-18 “图形窗口颜色”对话框

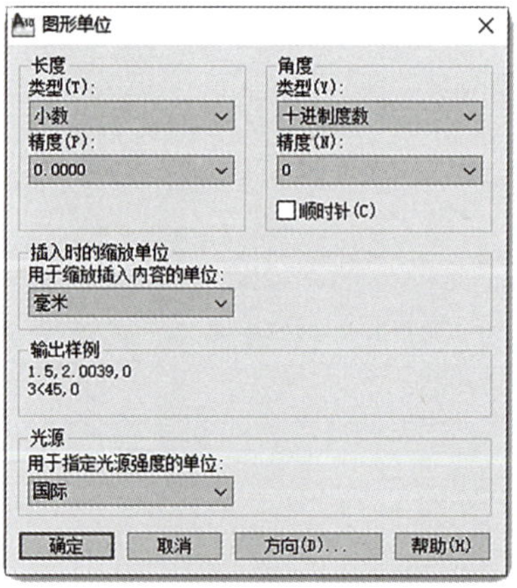

图6-19 “图形单位”对话框

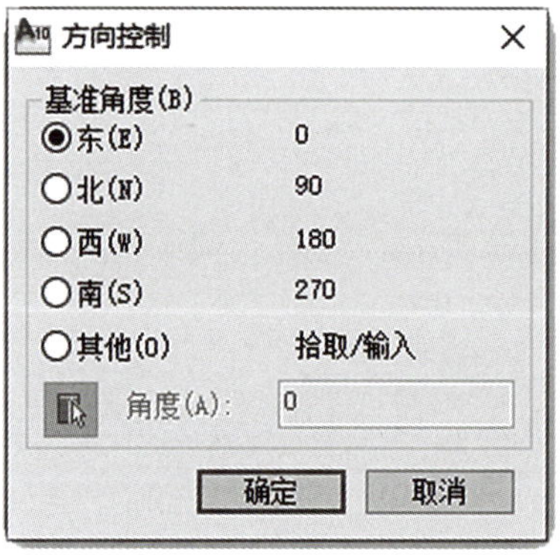

图6-20 显示“方向控制”对话框

3. 图形界限设置

图形界限就是指绘图区域的大小。使用“Limits”命令可以在模型空间中设置一个想象的矩形绘图区域，也称为图形界限。它确定的区域是可见栅格指示的区域，也是选择“视图”→“缩放”→“全部”命令时决定显示多大图形的一个参数。图形界限最终的目的是避免用户所绘的图形超出该界限。具体设置方法是：

①选择菜单中的“格式”→“图形界限”命令。

②命令行：Limits。

命令输入后，AutoCAD在命令行提示如下：

重新设置模型空间界限：

指定左下角点或 [开（ON）/关（OFF）] <0.0000，0.0000>：

指定右上角点<420.0000，297.0000>：

主要选项说明如下：

①指定左下角点<0.0000，0.0000>：一般情况下，图形界限的左下角坐标设置为坐标原点，即保留AutoCAD软件默认的，不用去改变。

②指定右上角点<420.0000，297.0000>：可以改变右上角的坐标来改变图形界限的大小，<420.0000，297.0000>是默认值。

③开（ON）：使绘图界限有效。表示打开极限检查开关，那么用户在随后绘图中所输入的坐标点不允许超出图形界限。

④关（OFF）：使绘图界限无效。表示关闭极限检查开关，那么用户在随后绘图中所输入的坐标点可以允许超出图形界限。

课中学习 绘制直线、曲线和多边形

一、绘制直线

直线是各种绘图中最常用、最简单的一类图形对象，只要指定了起点和终点即可绘制一条直线。在AutoCAD中，可以用二维坐标（x，y）或三维坐标（x，y，z）来指定端点，也可以混合使用二维坐标和三维坐标。如果输入二维坐标，AutoCAD将会用当前的高度作为Z轴坐标值，默认值为0。

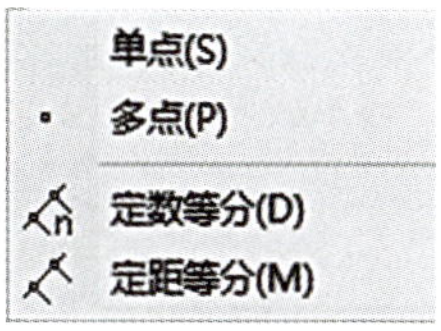

图6-21 点对象

（一）绘制点和多点

在AutoCAD中，点对象可用作捕捉和偏移对象的节点或参考点。可以通过“单点”“多点”“定数等分”和“定距等分”4种方法创建点对象，如图6-21所示。

1. 设置点的样式

设置点的样式的目的在于增加其在屏幕上的可视性。可采用以下方法调用点样式对话框：

①选择菜单中的“格式”→“点样式”命令。

②在命令行中输入：“Ddptype”。

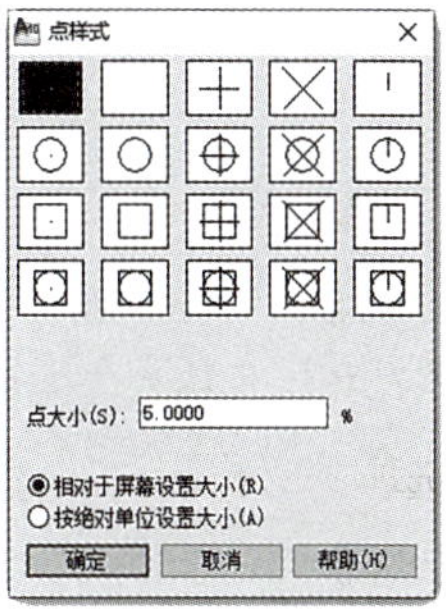

图6-22 点样式

输入命令后，弹出如图6-22所示的对话框，在此对话框中选择拟使用的点的样式。

如果想将需要的点在图纸上打印出来，可选择“按绝对单位设置大小”；如果用户只想在屏幕上画一个临时点，而不需要将它在图纸上打印出来，则选择“相对于屏幕设置大小”。

2. 绘制单点和多点

在AutoCAD2009中，启动绘制单点和多点的方式有三种：

①在菜单中选择“绘图”→“点”→“单点”命令或者“多点”命令。

②在功能区中单击“常用”→“绘图”→“多点”按钮。

③在“绘图”工具栏上，单击“点”按钮。

启动命令之后，就可以在绘图窗口中一次指定多个点，直到按Esc键结束。

3. 绘制定数等分点

可采用以下方法对已有的对象进行定数等分：

①选择菜单中的“绘图”→“点”→“定数等分”命令。

②在功能区中单击“常用”→“绘图”→“定数等分”按钮。

③在命令行中输入：“Divide”或快捷键“DIV”。

输入命令后，命令行提示：

选择要定数等分的对象：

输入线段数目或[块（B）]：（输入要等分的数目或输入在等分点要插入的图块的名称）

例如，用“5”定数来等分一条曲线，如图6-23（a）所示。

4. 绘制定距等分点

可采用以下方法对已有的对象进行定距等分：

①选择菜单中的“绘图”→“点”→“定距等分”命令。

②在功能区中单击“常用”→“绘图”→“定距等分”按钮。

③在命令行中输入：“Measure”或快捷键“ME”。

输入命令后，命令行提示：

选择要定距等分的对象：

输入线段长度或[块（B）]：（输入测量的长度或输入选项“B”）

例如，用已知线段的长度来等分一条曲线，如图6-23（b）所示。

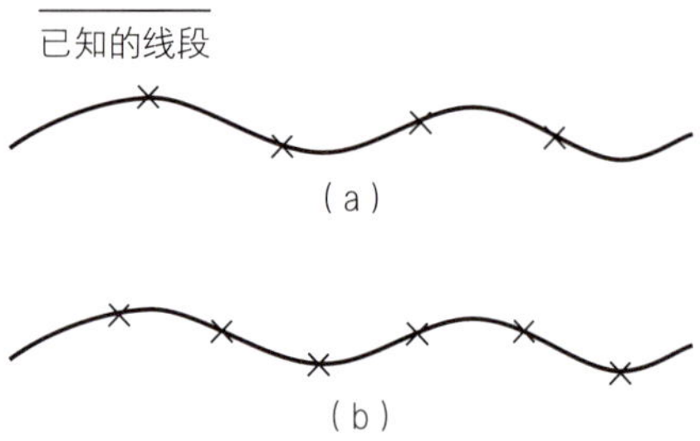

图6-23 用已知线段等分曲线

（二）绘制直线

在AutoCAD中，直线是最简单和最常用的一类图形对象，只要指定起点和终点即可绘制一条直线。一般情况下，初学者都是从绘制直线开始学习AutoCAD。

启动绘制直线命令的方法有：

①选择菜单中的“绘图”→“直线”命令。

②选择工具栏中的“绘图”→“直线”按钮。

③选择功能区中的“常用”→“绘图”→“直线”按钮。

④在命令行中输入：“line”或快捷键“L”。

输入命令后，命令行提示：

命令：LINE指定第一点：（此时要求用户输入第一点）

指定下一点或[放弃（U）]：（此时要求用户输入第二点）

指定下一点或[放弃（U）]：（此时要求用户输入第三点）

指定下一点或[闭合（C）/放弃（U）]：（此时要求用户点击第四点）

指定下一点或[闭合（C）/放弃（U）]：（此时要求用户点击第五点）

指定下一点或[闭合（C）/放弃（U）]：

各个选项说明如下：

①指定第一点：用户可以输入第

一点。

②指定下一点：用户可以输入下一点。

③选项“放弃（U）”：输入U，可撤销上一步所画直线。此选项只有用户输入第一点之后才出现。

④选项“闭合（C）”：输入C，可连接所画直线的第一点和最后一点，使其成为封闭的图形，并退出直线命令。此选项只有用户输入第三点之后才出现。

绘制直线一般步骤如下：

选择工具栏中的“绘图”→“直线”按钮，启动直线命令：

（1）指定起点。可以使用定点设备，也可以在命令提示下输入坐标值。

（2）指定端点以完成第一条线段。要在执行Line命令期间放弃前一条直线段，请输入u或单击工具栏上的“放弃”。

（3）指定其他线段的端点。

（4）按Enter键结束，或者按c键使一系列直线段闭合。

要以最近绘制的直线的端点为起点绘制新的直线，请再次启动Line命令，然后在出现“指定起点”提示后按Enter键。

（三）坐标精确绘制直线

在绘图过程中要精确定位某个对象时，必须以某个坐标系作为参照，以便精确拾取点的位置。通过AutoCAD的坐标系可以提供精确绘制图形的方法，可以按照非常高的精度标准，准确地设计并绘制图形。

在AutoCAD中，点的坐标可以使用绝对直角坐标（X，Y）、绝对极坐标（$L<\theta$）、相对直角坐标（$@X$，Y）和相对极坐标（$@L<\theta$）4种方法表示，其中，相对直角坐标和相对极坐标常常用于绘图中。下面例子就是利用相对直角坐标和相对极坐标来绘制直线，如图6-24所示。

绘图过程如下：

（1）选择工具栏中的“绘图”→“直线”按钮，启动直线命令。

（2）在命令行中“_line指定第一点：”提示下，在绘图区单击一点作为直线起点。

（3）在命令行中“指定下一点或［放弃（U）］：<正交开>”提示下，输入“@0，120”后直接回车键即可。

（4）在命令行中“指定下一点或［放弃（U）］：<正交开>”提示下，输入“@50，0”后直接回车键即可。

（5）在命令行中“指定下一点或［放弃（U）］：<正交开>”提示下，输入“@0，-40”后直接回车键即可。说明：相对直角坐标的数值也有正负值来表示直线方向，一般是向上或向左为正，反之则为负。

（6）在命令行中“指定下一点或［闭合（C）/放弃（U）］：”提示下，输入“@100<-30”后直接回车键即可。说明：相对极轴坐标的数值也有正负值来表示直线方向，一般是逆时针方向为正，顺时针方向为负。

（7）在命令行中“指定下一点或［闭合（C）/放弃（U）］：”提示下，输入“@-70，0”后直接回车键即可。

（8）在命令行中“指定下一点或［闭合（C）/放弃（U）］：”提示下，输入“@0，-30”后直接回车键即可。

（9）在命令行中“指定下一点或［闭合（C）/放弃（U）］：”提示下，输入“C”即可。

（10）最后再给图形标注尺寸，即可得到如图6-24所示图形。

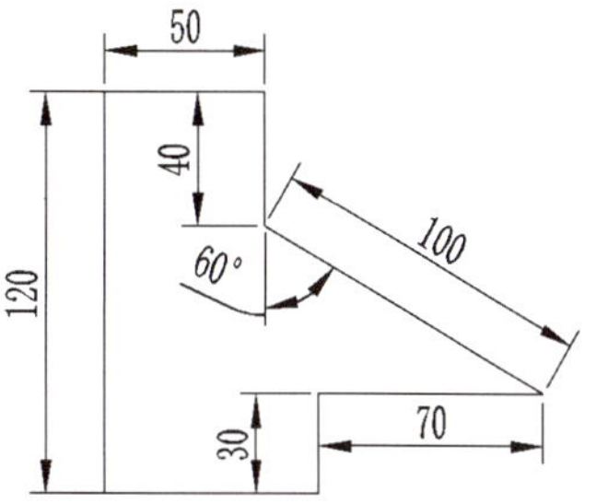

图6-24 利用相对直角坐标和相对极坐标来绘制直线

（四）正交模式绘制直线

利用正交模式可以将光标限制在水平或垂直方向上移动，以便精确地创建和修改对象。正交模式的切换开关是状态行的“正交模式”按钮，快捷键是F8。

打开“正交”模式时，使用直接距离输入方法以创建指定长度的正交线或将对象移动指定的距离。

在绘图和编辑过程中，可以随时打开或关闭“正交”。输入坐标或指定对象捕捉时将忽略“正交”。要临时打开或关闭“正交”，请按住临时替代键Shift。使用临时替代键时，无法使用直接距离输入方法。

注意“正交”模式和极轴追踪不能同时打开，打开“正交”将关闭极轴追踪。

例如，绘制一个边长为40mm的正方形。具体步骤如下：

（1）按快捷键F8，在命令行查看正交模式是否处于打开状态。

（2）选择工具栏中的“绘图”→“直线”按钮，启动直线命令。

（3）在命令行中“_line指定第一点：”提示下，在绘图区单击一点作为直线起点。

（4）在命令行中“指定下一点或［放弃（U）］：<正交开>”提示下，拖一下鼠标（在绘图区显示一条直线），输入“40”后直接按回车键即可。此步骤可以按照绘图要求向上、向下、向左、向右来拖动鼠标即可。

（5）在命令行中“指定下一点或［闭合（C）/放弃（U）］：”提示下，输入“C”即可。

（五）构造线

构造线为两端可以无限延伸的直线，没有起点和终点，可以放置在三维空间的任何地方，主要用于绘制辅助线，以便精确绘图。

主要有以下几种方法启动构造线命令：

①选择菜单中的“绘图”→“构造线”命令。

②选择工具中的“绘图”→“构造线”按钮。

③选择功能区中的“常用”→“绘图”→“构造线”按钮。

④在命令行中输入：“Xline”或快捷键“XL”。

输入命令后，命令行提示：

指定点或［水平（H）/垂直（V）/角度（A）/二等分（B）/偏移（O）］：（指定构造线要经过的点）

各主要选项说明如下：

①点：根据指定两点来确定构造线的位置。

②水平：创建一条通过指定点并且与当前UCS的*X*轴平行的水平线。

③垂直：创建一条通过指定点并且与当前UCS的*Y*轴平行的垂直线。

④角度：以指定的角度和一指定点创建一条直线。角度可以是直接输入的度数，也可以是参照已知线，以逆时针方向测量出的夹角度数。

⑤二等分：创建一条参照线，它经过选定的角顶点，并且将选定的两条线之间的夹角平分。此构造线位于由三个点确定的平面中。

⑥偏移：创建平行于指定基线的构造线。指定偏移距离，选择基线，然后指明构造线位于基线的哪一侧。

（六）射线

射线是指一端固定、另一端无限延伸的直线，射线可以用来作为图形设计的辅助线，以帮助用户定位。

主要有以下几种方法启动射线命令：

①选择菜单中的“绘图”→“射线”命令。

②选择工具中的“绘图”→“射线”按钮。

③选择功能区中的“常用”→“绘图”→“射线”按钮。

④在命令行中输入：“Ray”。

输入命令后，命令行提示：

指定起点：（指定射线的起始点）

指定通过点：（指定射线经过的一点）

执行结果是不断地指定通过点，可以得到通过起始点与通过点的多条射线。

二、绘制多边形和曲线

（一）绘制矩形

可以用以下几种方法调用矩形命令：

①选择菜单中的“绘图”→“矩形”命令。

②选择工具栏中的“绘图”→“矩形”按钮。

③在命令行中输入：“Rectang”或快捷键“REC”。

执行命令后，命令行提示：

指定第一个角点或［倒角（C）/标高（E）/圆角（F）/厚度（T）/宽度（W）］：（指定矩形的一个点）

指定另一个角点或［面积（A）/尺寸（D）/旋转（R）］：（指定矩形的另一个角点）

结果如图6-25所示。

各选项说明如下：

①倒角：设置矩形的倒角距离，即设定矩形四角为倒角及大小，如图6-26所示。

输入该选项后，命令行提示如下：

指定矩形的第一个倒角距离<当前距离>：指定距离或按Enter键

指定矩形的第二个倒角距离<当前距离>：指定距离或按Enter键

以后执行Rectang命令时此值将成为当前倒角距离。

②标高：确定矩形在三维空间内的高度。

以后执行Rectang命令时此值将成为当前标高。

③圆角：指定矩形的圆角半径，即设定矩形四角为圆角及半径大小，如图6-27所示。

输入该选项后，命令行提示如下：

指定矩形的圆角半径<当前半径>：指定距离或按Enter键

以后执行Rectang命令时此值将成为当前圆角半径。

④厚度：设置矩形厚度，即z轴方向的高度。

⑤宽度：设置线条宽度，如图6-28所示。

⑥面积：使用面积与长度或宽度创建矩形。如果“倒角”或“圆角”选项被激活，则区域将包括倒角或圆角在矩形角点上产生的效果。

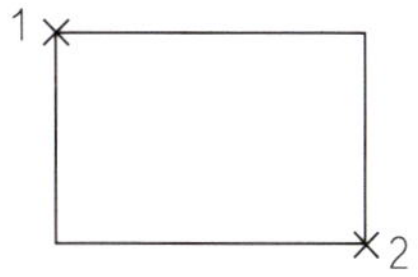

图6-25 绘制矩形

图6-26 倒角

图6-27 圆角

图6-28 线条宽度设置

⑦尺寸：使用长宽和宽度创建矩形。

⑧旋转：按指定的旋转角度创建矩形。

（二）绘制多边形

可以用以下几种方法调用多边形命令：

①选择菜单中的“绘图”→“多边形”命令。

②选择工具栏中的“绘图”→“多边形”按钮。

③在命令行中输入：“Polygon”或快捷键“POL”。

执行命令后，命令行提示：

输入边的数目<4>：

指定正多边形的中心点或［边（E）］：

输入选项［内接于圆（I）/外切于圆（C）］<I>：

指定圆的半径：

各选项说明如下：

①边（E）：指定两个端点得到边，之后按这条边绘制正多边形。在工程图中，常会根据一条边的两个端点绘制正多边形，这样不仅确定了正多边形的边长，也指定了正多边形的位置。

②内接于圆（I）：在指定半径的圆的里面构造正多边形。选择内接于圆时，命令行要求输入正多边形外圆的半径，也就是正多边形中心点至端点的距离，创建的

正多边形所有的顶点都在此圆周上。

③外切于圆（C）：在指定半径的圆的外面构造正多边形。选择该项时，命令行要求输入的是正多边形中心点至各边线中点的距离。

注意：在绘制正多边形时，要注意选择内接于圆和选择外切于圆选项时，同样输入圆的半径为100时，创建的内接于圆正多边形小于外切于圆正多边形，如图6-29所示。

（三）绘制圆

要创建圆，可以指定圆心、半径、直径、圆周上的点和其他对象上的点的不同组合。可以使用多种方法创建圆。

默认方法是指定圆心和半径，可采用以下方法绘制圆：

①选择功能区“常用”→“绘图”→“圆”命令。

②选择工具栏中的“绘图”→“圆”按钮。

③在命令行中输入：“CIRCLE”或快捷键“C”。

④选择菜单栏“绘图”→“圆”→“圆心、半径”命令。

⑤选择菜单栏“绘图”→“圆”→“圆心、直径”命令。

⑥选择菜单栏“绘图”→“圆”→“两点”命令。

⑦选择菜单栏“绘图”→“圆”→“三点”命令。

⑧选择菜单栏“绘图”→“圆”→“相切、相切、半径”命令。

⑨选择菜单栏“绘图”→“圆”→“相切、相切、相切”命令。

下面是各子菜单（见图6-30）的用法：

（1）圆心、半径。输入命令后，命令行提示如下：

指定圆的圆心或［三点（3P）/两点（2P）/切点、切点、半径（T）］：（需要用户指定圆心的位置）

指定圆的半径或［直径（D）］：（指定圆的半径或指定一点，这一点与圆心之间的距离即为半径）

这样，用户就可以得到指定圆心和给定半径的圆。

（2）圆心、直径。输入命令后，命令行提示如下：

指定圆的圆心或［三点（3P）/两点（2P）/切点、切点、半径（T）］：（需要用户指定圆心的位置）

指定圆的半径或［直径（D）］：_d 指定圆的直径：（指定圆的直径）

这样，用户就可以得到指定圆心和给定直径的圆。

（3）两点。输入命令后，命令行提示如下：

指定圆的圆心或［三点（3P）/两点（2P）/切点、切点、半径（T）］：_2p指定圆直径的第一个端点：（需要用户指定圆直径的一个端点）

指定圆直径的第二个端点：（需要用户指定圆直径的另一个端点）

这样，用户就可以得到指定圆心和以输入的两点间距离为直径并经过这两点的圆，如图6-31所示。

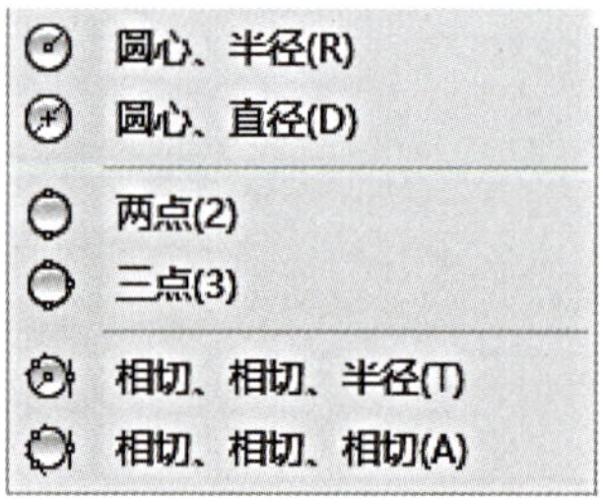

图6-30 菜单栏中的“圆”选项下的子菜单

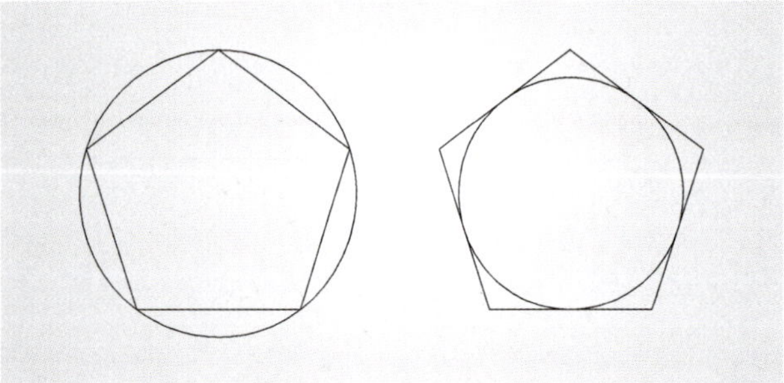

图6-29 内接于圆与外切于圆正多边形

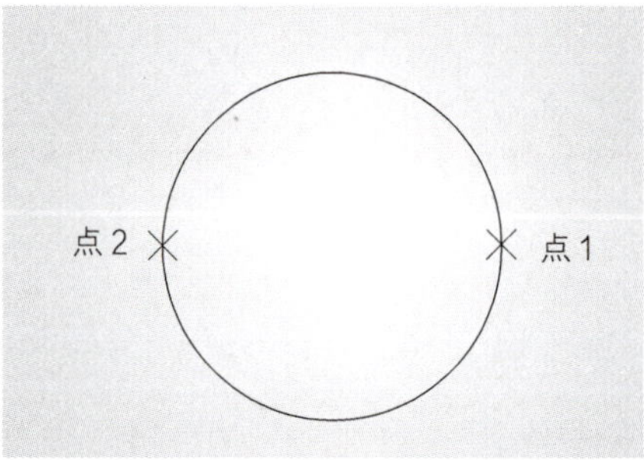

图6-31 两点绘制圆

（4）三点。输入命令后，命令行提示如下：

指定圆的圆心或［三点（3P）/两点（2P）/切点、切点、半径（T）］：_3p指定圆上的第一个点：（需要用户指定一点）

指定圆上的第二个点：（用户指定第二点）

指定圆上的第三个点：（用户指定第三点）

这样，用户就可以得到通过指定三点的圆，如图6-32所示。

（5）相切、相切、半径。输入命令后，命令行提示如下：

指定圆的圆心或［三点（3P）/两点（2P）/切点、切点、半径（T）］：_ttr指定对象与圆的第一个切点：（指定第一个相切对象）

指定对象与圆的第二个切点：（指定第二个相切对象）

指定圆的半径：（指定圆的半径）

这样，用户就可以得到与两个指定对象相切，以输入值为半径的圆，如图6-33所示。

注意：有时会有多个圆符合指定的条件，程序将绘制具有指定半径的圆，其与对象真正的切点与选定点（切点1和切点2）的距离最近，如图6-33所示。

（6）相切、相切、相切。输入命令后，命令行提示如下：

指定圆的圆心或［三点（3P）/两点（2P）/切点、切点、半径（T）］：_3p指定圆上的第一个点：_tan到（指定第一个相切对象）

指定圆上的第二个点：_tan到（指定第二个相切对象）

指定圆上的第三个点：_tan到（指定第三个相切对象）

这样，用户就可以得到与三个指定对象相切的圆，如图6-34所示。

（四）绘制圆弧

可以用以下几种方法调用圆弧命令：

①选择菜单中的“绘图”→“圆弧”命令。

②选择工具栏中的“绘图”→“圆弧”按钮。

③在命令行中输入：“Arc”或快捷键“A”。

在菜单中，有不同的绘制圆弧的方法，如图6-35所示。

下面是各种子菜单的用法：

（1）三点。根据圆弧的起点、圆弧上任意一点以及圆弧的终点位置绘制圆

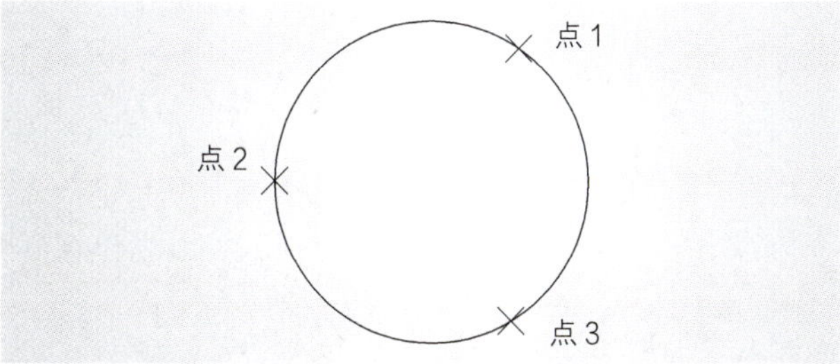

图6-32 三点绘制圆

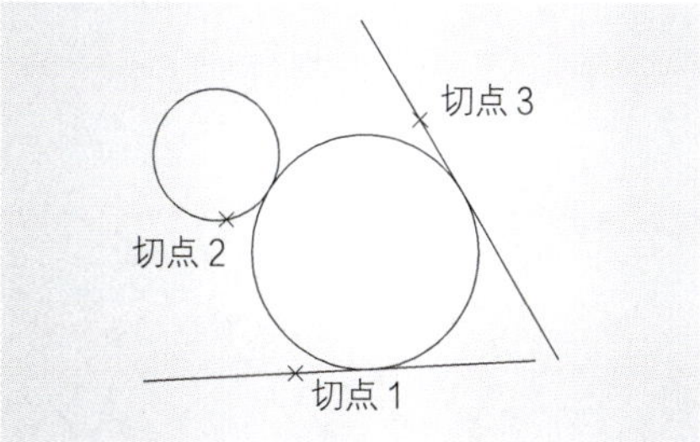

图6-34 相切、相切、相切绘制圆

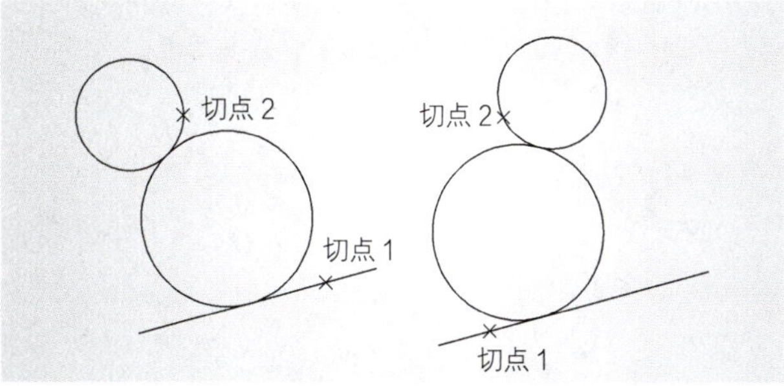

图6-33 相切、相切、半径绘制圆

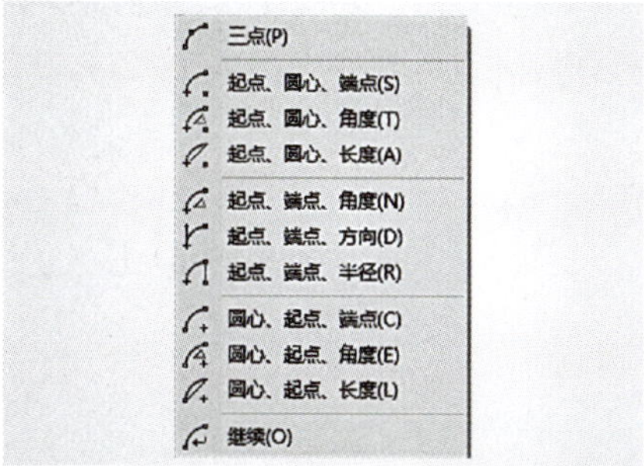

图6-35 圆弧子菜单

弧。执行Arc命令，AutoCAD提示：

指定圆弧的起点或［圆心（C）］：（确定圆弧的起始点位置，即执行默认项）

指定圆弧的第二个点或［圆心（C）/端点（E）］：（确定圆弧上的任一点，即响应默认项）

指定圆弧的端点：（确定圆弧的终止点位置）

执行结果：AutoCAD绘出由给定3点确定的圆弧，如图6-36所示。

（2）根据圆弧的起点、圆心以及终点位置绘制圆弧。执行Arc命令，AutoCAD提示：

指定圆弧的起点或［圆心（C）］：（确定圆弧的起始点位置，即执行默认项）

指定圆弧的第二个点或［圆心（C）/端点（E）］：C（执行“圆心（C）”选项）

指定圆弧的圆心：（确定圆弧的圆心位置）

指定圆弧的端点或［角度（A）/弦长（L）］：（确定圆弧的终止点位置，即执行默认项）

执行结果：AutoCAD绘出指定条件的圆弧，如图6-37所示。

（3）根据圆弧的起点、圆心以及圆弧的包含角绘制圆弧。执行Arc命令，AutoCAD提示：

指定圆弧的起点或［圆心（C）］：（确定圆弧的起始点位置，即执行默认项）

指定圆弧的第二个点或［圆心（C）/端点（E）］：C［执行“圆心（C）”选项］

指定圆弧的圆心：（确定圆弧的圆心位置）

指定圆弧的端点或［角度（A）/弦长（L）］：A［执行“角度（A）”选项］

指定包含角：（输入圆弧的包含角）

执行结果：AutoCAD绘出指定条件的圆弧，如图6-38所示。

说明：在提示“指定包含角：”时，若输入正角度值，AutoCAD从起点绕圆心沿逆时针方向绘制圆弧。如果输入负的角度值，则AutoCAD从起点绕圆心沿顺时针方向绘制圆弧。

（4）根据圆弧的起点、圆心以及长度（即圆弧的弦长）绘制圆弧。执行Arc命令，AutoCAD提示：

指定圆弧的起点或［圆心（C）］：（确定圆弧的起始点位置，即执行默认项）

指定圆弧的第二个点或［圆心（C）/端点（E）］：C［执行“圆心（C）”选项］

指定圆弧的圆心：（确定圆弧的圆心位置）

指定圆弧的端点或［角度（A）/弦长（L）］：L［执行“弦长（L）”选项］

指定弦长：（输入圆弧的弦长）

执行结果：AutoCAD绘出指定条件的圆弧，如图6-39所示。

（5）根据圆弧的起点、终点以及方向（即圆弧在起始点处的切线方向）绘制圆弧。执行Arc命令，AutoCAD提示：

指定圆弧的起点或［圆心（C）］：（确定圆弧的起始点位置，即执行默认项）

指定圆弧的第二个点或［圆心（C）/端点（E）］：E［执行“端点（E）”选项］

指定圆弧的端点：（确定圆弧的终止点位置）

指定圆弧的圆心或［角度（A）/方向（D）/半径（R）］：D［执行“方向（D）”选项］

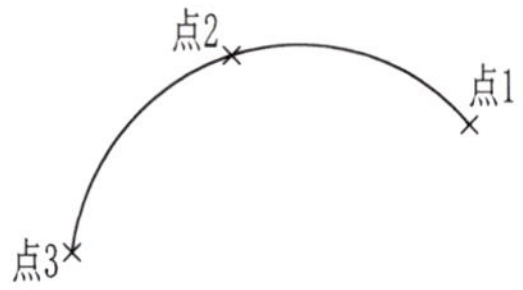

图6-36 三点绘制圆弧

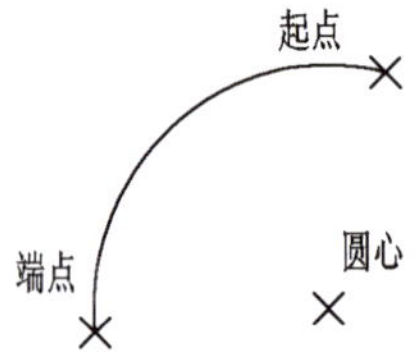

图6-37 起点、端点、圆心绘制圆弧

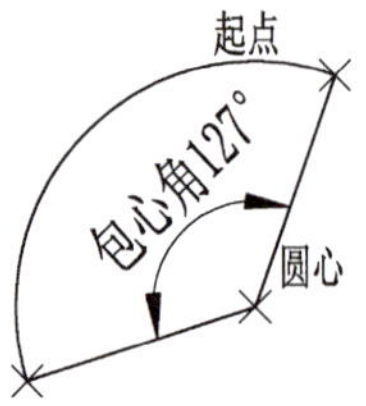

图6-38 起点、圆心、包含角绘制圆弧

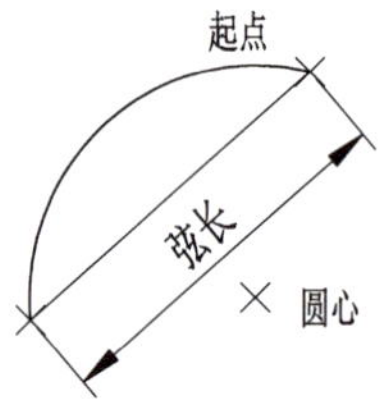

图6-39 起点、圆心、弦长绘制圆弧

指定圆弧的起点切向:（输入圆弧起始点处切线方向与水平方向的夹角）

执行结果：AutoCAD绘出指定条件的圆弧，如图6-40所示。

（6）绘制连续圆弧。当执行绘制圆弧命令并在“指定圆弧的起点或［圆心（C）]：”提示下直接按回车键，AutoCAD以最后一次绘制线或绘制圆弧过程中确定的最后一点作为新圆弧的起始点，以最后所绘线方向或所绘圆弧终止点处的切线方向为新圆弧在起始点处的切线方向绘制圆弧，同时提示：指定圆弧的端点

在此提示下确定相应点，则可绘出对应的圆弧，通过这种方法可得到连续光滑的圆弧。

（五）绘制椭圆和椭圆弧

1. 椭圆

椭圆由定义其长度和宽度的两条轴决定，较长的轴称为长轴，较短的轴称为短轴，如图6-41所示。

（1）调用椭圆命令的方法。在AutoCAD中，调用椭圆命令的几种方法：

①选择菜单中的“绘图”→“椭圆”子菜单中的相关命令。

②选择工具栏中的“绘图”→“椭圆”按钮。

③选择功能区中的“常用”→“绘图”→“椭圆”按钮。

④在命令行中输入：“ELLipse”或快捷键“EL”。

输入命令后，命令行提示：

命令：_ellipse

指定椭圆的轴端点或［圆弧（A）/中心点（C）]：

指定轴的另一个端点：<正交开>

指定另一条半轴长度或［旋转（R）]：

主要选项说明如下：

①轴端点：指定椭圆的轴端点。

②中心点（C）：指定椭圆的中心点。

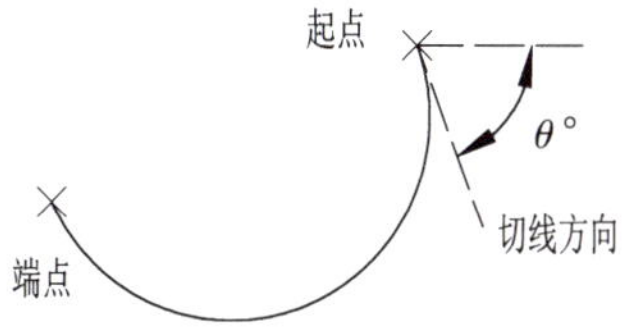

图6-40 起点、端点、切线方向绘制圆弧

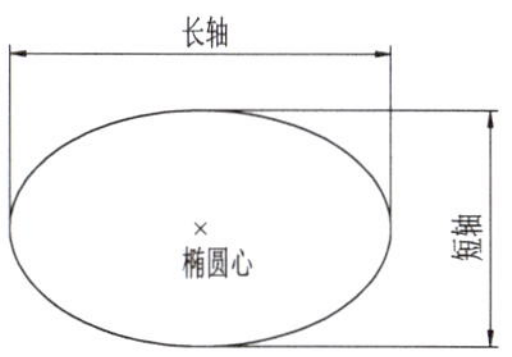

图6-41 椭圆

③另一条半轴长度：指定椭圆另一条半轴长度。

④旋转（R）：此选项是让用户用一种旋转的方式来构建（绘制）椭圆，即先绘制好以长轴长度为直径的大圆，此圆的法线方向的一端鼠标控制，此时，可以绕长轴进行旋转。正面时为大圆，法线与屏幕平行时为一条直线。为得到椭圆，可以输入0°～90°的数值。

⑤绕长轴旋转的角度：指定旋转角度值。

（2）四种绘制椭圆的方法。根据绘制椭圆主要选项的分析，可以组合得到四种绘制椭圆的方法：

①根据椭圆的中心、某一轴上的一个端点以及另一轴的半长绘制椭圆。

②根据椭圆的中心、某一轴上的一个端点以及绕长轴旋转的角度绘制椭圆。

③根据椭圆某一轴上的两个端点及另一轴的半长绘制椭圆。

④根据椭圆某一轴上的两个端点以及绕长轴旋转的角度绘制椭圆。

2. 椭圆弧

调用椭圆弧命令的方法是在通过调用椭圆命令的基础上，在命令行中有“指定椭圆的轴端点或［圆弧（A）/中心点（C）]：”下输入选项“A”后按空格键，即可进入绘制椭圆弧的状态。为了更方便用户，在AutoCAD也设置下面的方法：

①选择菜单中的“绘图”→“椭圆”子菜单中的“圆弧”命令。

②选择工具栏中的“绘图”→“椭圆弧”按钮。

③选择功能区中的“常用”→“绘图”→“椭圆弧”按钮。

输入命令后，命令行提示：

指定椭圆的轴端点或［圆弧（A）/中

心点（C）]：_a（指定画椭圆弧）

指定椭圆弧的轴端点或 [中心点（C）]：（指定椭圆任意轴上的一个端点）

指定轴的另一个端点：（指定该轴的另一个端点）

指定另一条半轴长度或 [旋转（R）]：（指定椭圆的另一轴的半长）

指定起始角度或 [参数（P）]：（指定椭圆弧的起始角度）

指定终止角度或 [参数（P）/包含角度（I）]：（指定椭圆弧的终止角度）

调用椭圆弧命令，按画椭圆的方法完成操作后，输入椭圆弧的起始角和终止角（或椭圆的圆心角）。这里需要特别注意的是：此处输入的角度的0° 线不是AutoCAD系统默认的向右方向，而是椭圆的圆心与第一端点的连线。

例如，绘制椭圆弧具体过程如下：

（1）在命令提示下，输入ellipse。

（2）指定第一条轴的端点（点1和点2）。

（3）指定距离以定义第二条轴的半长（点3）。

（4）指定起点角度（点4）。

（5）指定端点角度（点5）。

注意：椭圆弧从起点到端点按逆时针方向绘制，如图6-42所示。

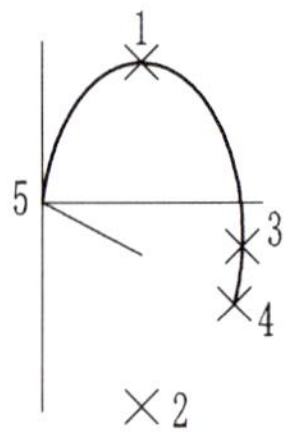

图6-42 绘制椭圆弧

三、捕捉与填充

（一）捕捉

捕捉是指使用对象捕捉可指定对象上的精确位置。例如，使用对象捕捉可以捕捉到圆的圆心或线段的中点、端点等。而追踪是指在设定的条件和特定的绘图环境下，定位对象的某一点，并随时提供了视觉提示的过程。这两个功能合起来使用，也一起称为“自动捕捉”，为用户提高工作效率提供帮助。

1. 对象捕捉

利用AutoCAD的对象捕捉功能，可以快速、准确地确定一些特殊点，如端点、中点、交点、圆心、象限点、切点、垂足点以及最近点等。

（1）设置对象捕捉功能。设置对象捕捉功能的方法如下：

①选择菜单中的“工具”→“草图设置”命令。

②鼠标右击状态行的“对象捕捉”按钮，选择“设置”。

③鼠标指着屏幕，按住Shift键并单击鼠标右键以显示“对象捕捉”快捷菜单，从中选择“对象捕捉设置”，如图6-43所示。

注意：如果要让对象捕捉忽略图案填充对象，请将OSOPTIONS系统变量设置为1。

输入命令后，会弹出如图6-44所示草图设置对话框。

草图设置对话框中主要的选项说明如下：

①“启用对象捕捉（F3）”复选框：确定是否启用对象捕捉功能。若选中该复选框，则启用对象捕捉功能，否则不启用。注意：通过单击状态行上的“对象捕捉”按钮或者是按键盘上的F3键都可以切换“对象捕捉”功能的启用与否。

②“启用对象捕捉追踪（F11）”复选框：确定是否启用对象捕捉追踪功能。若选中该复选框，则启用

图6-43 对象捕捉

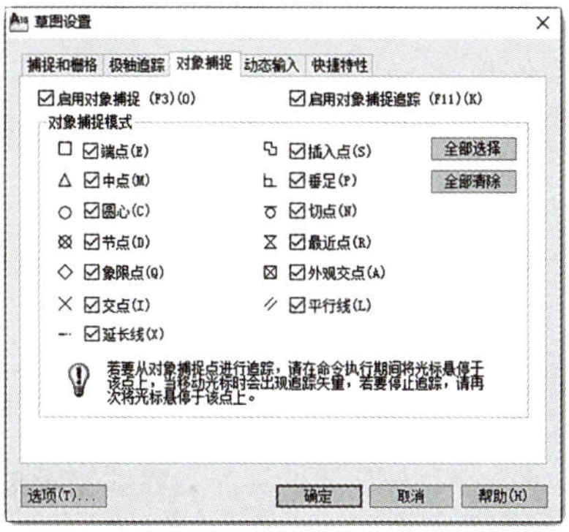

图6-44 草图设置对话框

对象捕捉功能，否则不启用。注意：通过单击状态行上的“对象捕捉追踪”按钮或者是按键盘上的F11键都可以切换“对象捕捉追踪”功能的启用与否，此功能在稍后的章节中有详细介绍。

③“对象捕捉模式”区：用户可以任意选择想要捕捉的点的类型。各类型点说明如下：

· END（端点）：捕捉到圆弧、椭圆弧、直线、多段线线段、样条曲线、面域或射线最近的端点，或捕捉实体或三维面域的最近角点。

· MID（中点）：捕捉到圆弧、椭圆、椭圆弧、直线、多段线线段、面域、实体、样条曲线或参照线的中点。

· CEN（圆心）：捕捉到圆弧、圆、椭圆或椭圆弧的中心。

· NOD（节点）：捕捉到点对象、标注定义点或标注文字原点。

· QUA（象限点）：捕捉到圆弧、圆、椭圆或椭圆弧的象限点。

· INT（交点）：捕捉到圆弧、圆、椭圆、椭圆弧、直线、多段线、射线、面域、样条曲线或参照线的交点。注意：如果同时打开“交点”和“外观交点”执行对象捕捉，可能会得到不同的结果。

· EXT（范围）（或称为“延长线”）：当光标经过对象的端点时，显示临时延长线或圆弧，以便用户在延长线或圆弧上指定点。注意在透视视图中进行操作时，不能沿圆弧或椭圆弧的延伸线进行追踪。

· INS（插入点）：捕捉到属性、块、图像或文字的插入点。

· PER（垂足）：在圆弧、圆、椭圆、椭圆弧、直线、多段线、射线、面域、实体、样条曲线或参照线等对象上捕捉一点，使该点与已确定的另外一点连线与所选择的上述对象垂直。

· TAN（切点）：在圆弧、圆、椭圆、椭圆弧或样条曲线上捕捉一点，使该点与已确定的另外一点连线与上述对象相切。

· NEA（最近点）：捕捉圆弧、圆、椭圆、椭圆弧、直线、点、多段线、射线、样条曲线或参照线等对象上离光标最近的点。

· APP（外观交点）：捕捉到不在同一平面但是可能看起来在当前视图中相交的两个对象的外观交点。

· PAR（平行）：将直线段、多段线线段、射线或构造线限制为与已知线性对象平行。指定所要创建的线性对象的第一点后，请选择平行对象捕捉并将光标放在已知线性对象上停留一下，出现黄色的平行捕捉标记，然后，将光标移回正在创建的与已知线性对象平行的方向上，出现平行角度，就可以创建平行线了。

注意：使用平行对象捕捉之前，请关闭Ortho模式。在平行对象捕捉操作期间，会自动关闭对象捕捉追踪和PolarSnap。使用平行对象捕捉之前，必须指定所要创建的线性对象的第一点。

④“全部选择”按钮：选择所有对象捕捉模式的设置。

⑤“全部清除”按钮：清除所有对象捕捉模式的设置。

（2）设置对象捕捉靶框大小。对象捕捉仅适用于对象捕捉靶框中的或与对象捕捉靶框相交的对象。Apbox系统变量控制对象捕捉靶框的显示。使用Aperture输入的像素数目控制对象捕捉靶框的尺寸，数值越高，靶框越大。也可以更改“选项”对话框的“草图”选项卡上的此设置，如图6-45所示。

注意：Aperture控制对象捕捉靶框，而不是“选择对象”提示下显示的拾取框。对象选择拾取框还受Pickbox系统变量控制。

（3）自动捕捉设置。自动捕捉标记、工具提示和磁吸等功能在默认情况下是打开的。用户还可以在“选项”对话框的“草图”选项卡中修改自动捕捉设置，如图6-45所示。“自动捕捉设置”包含以下捕捉工具：

①“标记”：当光标移到对象上或接近对象时，将显示对象捕捉位置。标记的形状取决于它所标记的捕捉。

②“显示自动捕捉工具提示”：在光标位置用一个小标志指示正在捕捉对象的哪一部分。

③“磁吸”：吸引并将光标锁定到检测到的最接近的捕捉点。提供一个形象化设置，与捕捉栅格类似。

④“靶框”：围绕十字光标并定义从中计算哪个对象捕捉的区域。可以选择显示或不显示靶框，也可以改变靶框的大小。

（4）对象捕捉功能的使用。当命令行提示输入点，用户需要使用捕捉功能时，可用以下四种方法：

①在绘图前，可以先对对象捕捉功能进行设置。

②按住Shift键并单击鼠标右键，以显示“对象捕捉”快捷菜单，如图6-46所示，用户从中选取要捕捉的点的类型。

③单击“对象捕捉”工具栏上的对象捕捉按钮，如图6-47所示。

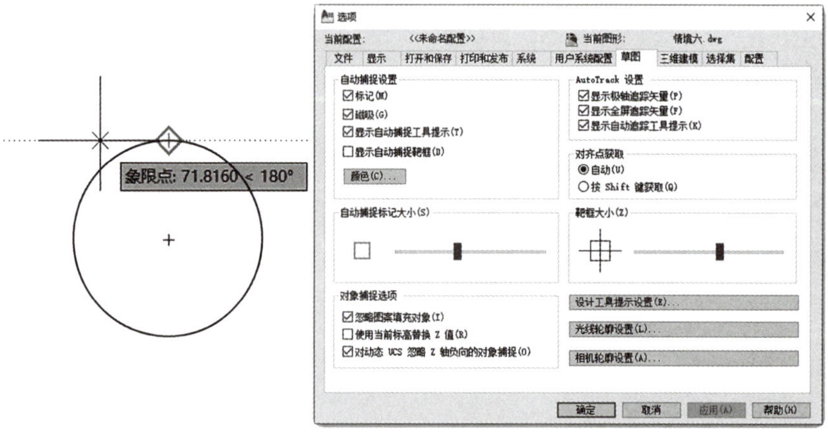

（a）　　　　（b）

图6-45 设置对象捕捉靶框大小

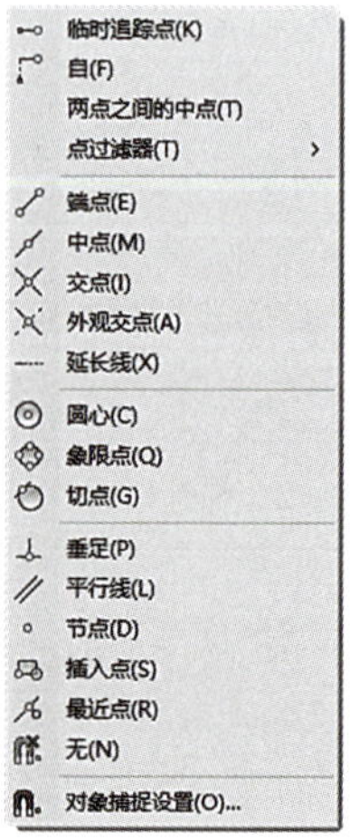

图6-46“对象捕捉”快捷菜单

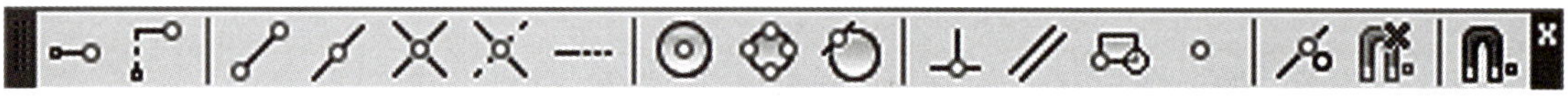

图6-47 对象捕捉按钮

④在状态栏的“对象捕捉”按钮上单击鼠标右键，从中选取要捕捉的点的类型，如图6-48所示。

2. 极轴追踪

启用极轴追踪功能后，当提示用户确定点的位置时，拖动鼠标，使鼠标接近预先设定的方向（极轴追踪方向），AutoCAD就会自动地沿该方向显示极轴追踪的方向，并弹出提示框，说明当前鼠标位置相对于前一点的极坐标。在这个方向上，用户可以直接输入距离值来确定所求的点，如图6-49所示。

设置“极轴追踪”功能的方法跟设置对象捕捉功能的方法一样，也是在“草图设置”对话框上设置，如图6-50所示。

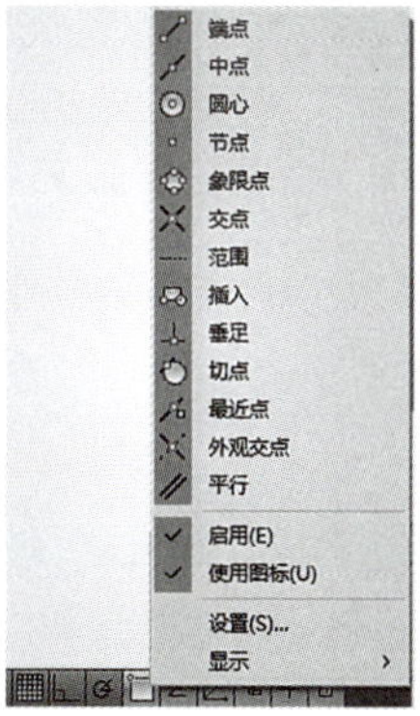

图6-48 右击“对象捕捉”按钮

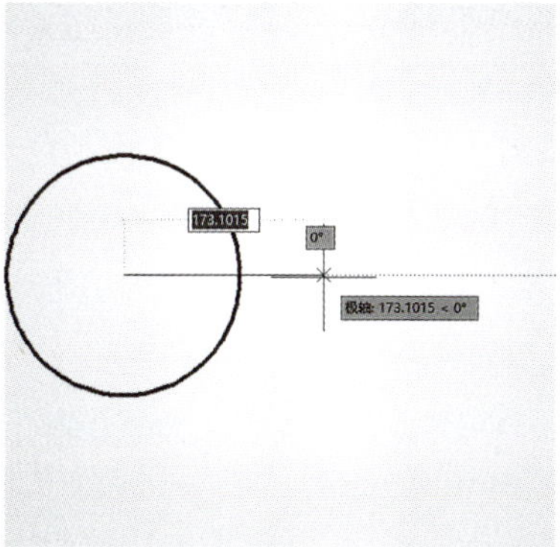

图6-49 极轴追踪

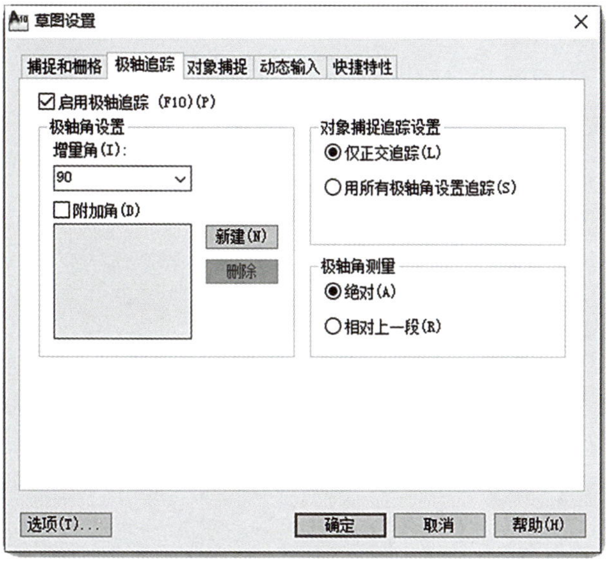

图6-50 “草图设置”对话框

各选项说明如下：

①“启用极轴追踪（F10）”复选框：确定是否启用极轴追踪。选中该复选框为启用，不选为不启用。在绘图过程中，也可以通过按F10键或单击状态栏上的“极轴追踪”按钮，来打开或关闭极轴追踪。

②“极轴角设置”区：设置极轴追踪的角度。

• “增量角”：设置用来显示极轴追踪对齐路径的极轴角增量。可以输入任何角度（通过在命令行输入系统变量PolarAng来设定新角度），也可以从列表中选择90、45、30、22．5、18、15、10或5这些常用数值。例如，如果选择了5，则表示将在0、5、10、15、20、25、30、35、40等以5°为增量的角度方向上进行极轴追踪。

• “附加角”：对极轴追踪使用列表中的任何一种附加角度，即确定除由“增量角”下拉列表设置的追踪方向外，再附加新的追踪方向。可以通过“新建”按钮附加新的角度（最多可以添加10个附加极轴追踪对齐角度）或者通过“删除”按钮删除已有的附加角度。注意：附加角度是绝对的，而非增量。

③“对象捕捉追踪设置”区：用来确定对象捕捉追踪的模式（对象捕捉追踪的模式，详见“对象捕捉追踪功能”）。

• “仅正交追踪”：当对象捕捉追踪打开时，仅显示已获得的对象捕捉点的正交（水平/垂直）对象捕捉追踪路径。

• “用所有极轴角设置追踪”：将“极轴追踪设置”应用于对象捕捉追踪。使用对象捕捉追踪时，光标将从获取的对象捕捉点起沿极轴对齐角度进行追踪。

注意：单击状态栏上的“对象追踪”可以打开或关闭对象捕捉追踪。

④“极轴角测量”区：设置测量极轴追踪对齐角度的基准。

• “绝对”：根据当前用户坐标系（UCS）确定极轴追踪角度。

• “相对上一段”：根据上一个绘制线段确定极轴追踪角度。

3. 对象捕捉追踪

对象捕捉追踪功能是以捕捉到的点为基点，按照已设定的极轴角度进行追踪。使用对象捕捉追踪，在命令中指定点时，光标可以沿基于其他对象捕捉点的对齐路径进行追踪。要使用对象捕捉追踪，必须打开一个或多个对象捕捉。实际上，对象捕捉追踪功能应与对象捕捉配合使用，也就是说，在使用对象捕捉追踪功能时，必须先打开“对象捕捉”和“对象捕捉追踪”。注意：极轴追踪的状态并不影响对象捕捉追踪功能的使用，即使极轴追踪处于关闭状态，用户仍可在对象捕捉追踪功能中使用已设定好的极轴角进行追踪。

使用对象捕捉追踪功能的步骤如下：

（1）当命令行提示输入点时，将光标移动到一个目标捕捉点，出现捕捉点类型的名称和“+”号，表示已经获取了该点，用相同方法可以获取多个用户想要的点。如果用户想要清除已获取到的捕捉点，只需将光标移回到获取点的“+”号标记上，AutoCAD将自动清除该点，从而不获取该点。

（2）从获取的点处移动光标，AutoCAD将基于获取的点显示跟踪的方向，光标移动时，如果接近极轴角，将显示对齐路径和工具提示，如图6-51所示。

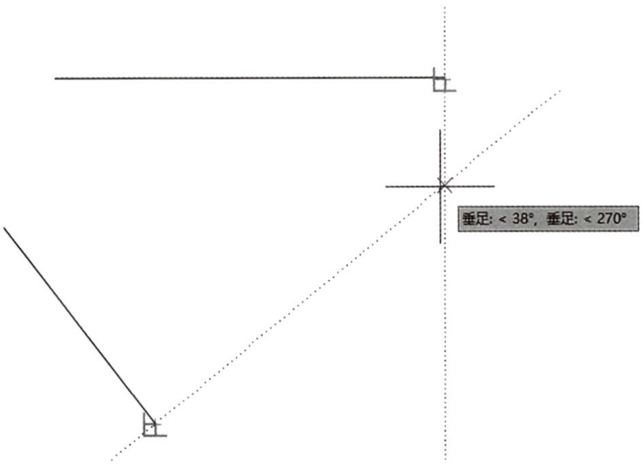

图6-51 显示对齐路径和工具提示

（3）用户只需沿显示的跟踪方向移动光标，跟踪到自己希望得到的点，也可以直接输入距离得到点。

（二）填充

要重复绘制某些图案以填充图形中的一个区域，从而表达该区域的特征，这种填充操作称为图案填充。图案填充的应用非常广泛，例如在机械工程图中，可以用图案填充表达一个剖切的区域，也可以使用不同的图案填充来表达不同的零部件或者材料。而在家具制图中，经常需要绘制剖面线，这个问题就可以由图案填充功能来解决。

1. 图案填充的设置及应用

可采用以下方法调用图案填充命令：

①选择菜单中的“绘图”→“图案填充”命令。

②选择工具栏中的“绘图”→“图案填充”按钮。

③在命令行中输入：“Bhatch”或快捷键“H”或“BH”。

输入命令后，AutoCAD会弹出“图案填充和渐变色”对话框。单击“图案填充和渐变色”对话框右下角的按钮，将显示更多选项，可以对“孤岛”和“边界”进行设置，如图6-52所示。

各选项说明如下：

①“类型和图案”：在“类型和图案”选项组中，可以设置图案填充的类型和图案，主要选项的功能如下：

• “类型”下拉列表框：设置填充的图案类型。包括“预定义”“用户定义”和“自定义”3个选项。其中，选择“预定义”选项，可以使用AutoCAD提供的图案；选择“用户定义”选项，则需要临时定义图案，该图案由一组平行线或者相互垂直的两组平行线组成；选择“自定义”选项，可以使用事先定义好的图案。

• “图案”下拉列表框：设置填充的图案。当在“类型”下拉列表框中选择“预定义”时该选项可用。在该下拉列表框中可以根据图案名选择图案，也可以单击其后的按钮，在打开的“填充图案选项板”对话框中进行选择，如图6-53所示。

• “样例”预览窗口：显示当前选中的图案样例。单击所选的样例图案，也可打开“填充图案选项板”对话框选择图案。

• “自定义图案”下拉列表框：选择自定义图案。在“类型”下拉列表框中选择“自定义”类型时该选项可用。

② “角度与比例”：在“角度和比例”选项组中，可以设置用户定义类型的图案填充的角度和比例等参数，主要选项的功能如下：

• “角度”下拉列表框：设置填充图案的旋转角度。每种图案在定义时的旋转角度都为零。

• “比例”下拉列表框：设置图案填充时的比例值。每种图案在定义时的初始比例为1，可以根据需要放大或缩小，在“类型”下拉列表框中选择“用户自定义”时该选项不可用。

• “双向”复选框：当在“图案填充”选项卡中的“类型”下拉列表框中选择“用户定义”选项时，选中该复选框，可以使用相互垂直的两组平行线填充图形，否则为一组平行线。

• “相对图纸空间”复选框：设置比例因子是否为相对于图纸空间的比例。该选项只有在布局中填充才有效，它可以方便地使布局中的填充图案以适当的比例显示出来。

• “间距”文本框：设置填充平行线之间的距离。当在“类型”下拉列表框中选择“用户自定义”时，该选项才可用。

• “ISO笔宽”下拉列表框：设置笔的宽度。当填充图案采用ISO图案时，该选项才可用。

③ “图案填充原点”：在“图案填充原点”选项组中，可以设置图案填充原点的位置，因为许多图案填充需要对齐填充边界上的某一个点。主要选项的功能如下：

• “使用当前原点”单选按钮：可以使用当前UCS的原点（0，0）作为图案填充原点。

• “指定的原点”单选按钮：可以通过指定点作为图案填充原点。其中，单击“单击以设置新原点”按钮，可以从绘图窗口中选择某一点作为图案填充原点；选择“默认为边界范围”复选框，可以以填充边界的

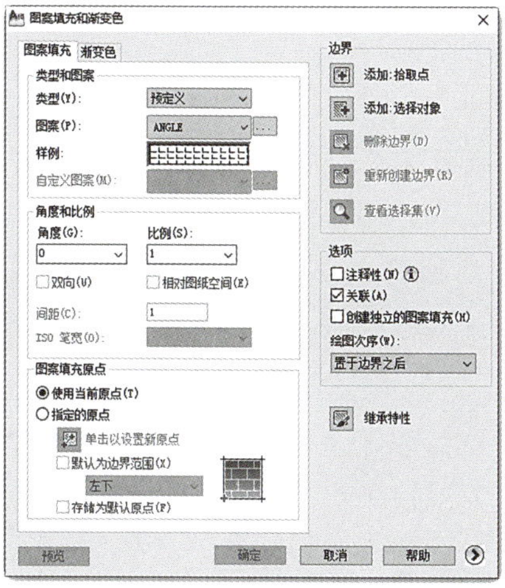

图6-52 “图案填充和渐变色”对话框

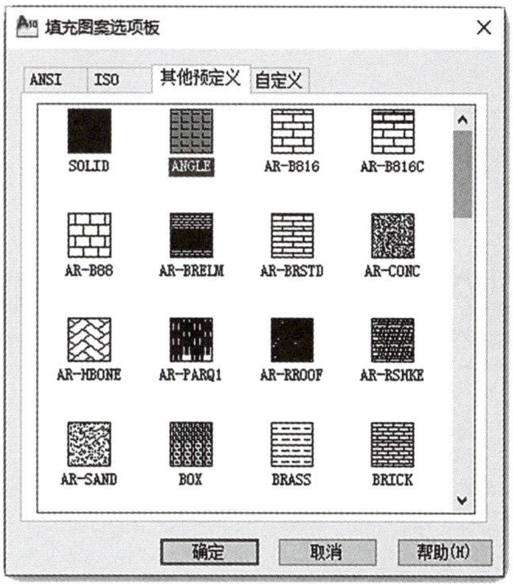

图6-53 “填充图案选项板”对话框

左下角、右下角、右上角、左上角或圆心作为图案填充原点；选择“存储为默认原点”复选框，可以将指定的点存储为默认的图案填充原点。

④“边界”：构造填充时用到的边界。

•“拾取点”按钮：以拾取点的形式来指定填充区域的边界。单击该按钮切换到绘图窗口，可在需要填充的区域内任意指定一点，系统会自动计算出包围该点的封闭填充边界，同时亮显该边界；如果在拾取点后系统不能形成封闭的填充边界，则会显示错误提示信息。

•“选择对象”按钮：单击该按钮将切换到绘图窗口，可以通过选择对象的方式来定义填充区域的边界。

•“删除边界”按钮：单击该按钮可以取消系统自动计算或用户指定的边界。

•“重新创建边界”按钮：重新创建图案填充边界。

•“查看选择集”按钮：查看已定义的填充边界。单击该按钮，切换到绘图窗口，已定义的填充边界将亮显。

⑤“选项”：在“选项”选项组中，各主要选项的功能如下：

•“注释性”复选框：指定图案填充为注释性。

•“关联”复选框：用于创建其边界时随之更新的图案和填充，这样，在边界变化时，填充会自动更新。

•“创建独立的图案填充”复选框：用于创建独立的图案填充。

•“绘图次序”下拉列表框：用于指定图案填充的绘图顺序，图案填充可以放在图案填充边界及所有其他对象之后或之前。

⑥“继承特性”按钮：可以将现有图案填充或填充对象的特性应用到其他图案填充或填充对象。

⑦“预览”按钮：可以使用当前图案填充设置显示当前定义的边界，单击图形或按Esc键返回对话框，单击、右击或按Enter键接受图案填充。

⑧“孤岛”：在进行图案填充时，通常将位于一个已定义好的填充区域内的封闭区域称为孤岛。“孤岛”选项控制在最外边界内还有边界时的填充方法，对话框中的图示已非常形象地表达出有三种填充方式：

•“普通”：定义从最外部边界开始，每隔一个边界，图案填充一次。

•“外部”：只会对最外面的封闭区间填充图案。

•“忽略”：以最外围的封闭区间为边界，忽略里面所有的区间填充图案。

⑨“边界保留”：控制是否将填充边界保存及保存时得到边界的类型（面域或多段线）。

⑩“边界集”：当通过“添加：拾取点”定义边界时，在此定义AutoCAD要分析的对象集。有两种定义对象的方式：“当前视口”项为系统默认值，表示将当前视图显示的图形（可见与不可见）作为定义填充边界时AutoCAD分析的对象集，这要花费较多的时间。若用户要排除当前视图中与填充无关的图案对象，可以使用自定义边界集。方法是用鼠标左键单击下拉箭头，在下拉列表中选择“现有集合”，注意在选择“现有集合”之前，先要用右边的“新建”按钮创建新的对象集。单击该按钮，对话框暂时消失，返回作图屏幕，AutoCAD提示选取对象，以建立新的对象集。

⑪“允许的间隙”：设置将对象用作图案填充边界时可以忽略的最大间隙。默认值为0，此值指定对象必须封闭区域而没有间隙。

⑫“继承选项”：使用“继承特性”创建图案填充时，这些设置将控制图案填充原点的位置。

•“使用当前原点”：使用当前的图案填充原点设置。

•“使用源图案填充的原点”：使用源图案填充的图案填充原点。

⑬渐变色：可以创建单色或双色渐变色，并对图案进行填充，如图6-54所示。

2. 图案填充的可见性

系统变量Fill控制着图案填充是否可见，当Fill=on（开）时，填充图案可见，当Fill=off（关）时，填充图案不可见。注意：输入开或关后，用“regen或RE”命

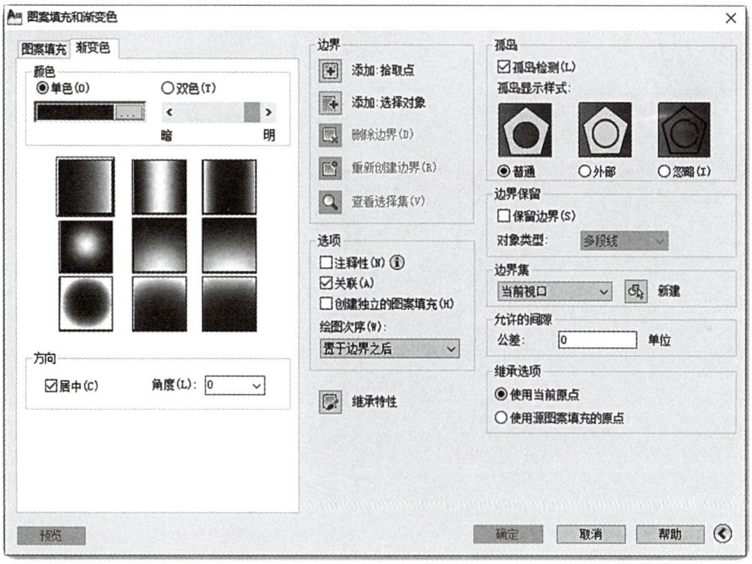

图6-54 “图案填充和渐变色”对话框

令进行图形的重新计算，就可以看到结果了。

3. 编辑图案填充

可采用以下方法编辑图案填充：

①选择菜单中的“修改”→“对象”→“图案填充”命令。

②在命令行中输入：“Hatchedit”或快捷键“HE”。

③选择填充图案后，右击鼠标，从右键菜单中选中“图案填充”。

选择图案后，AutoCAD会弹出前文中如图6-52所示的“图案填充”对话框，用户可从中对已填充的图案进行修改。

课后拓展

一、知识拓展

1. 相对坐标绘制台阶

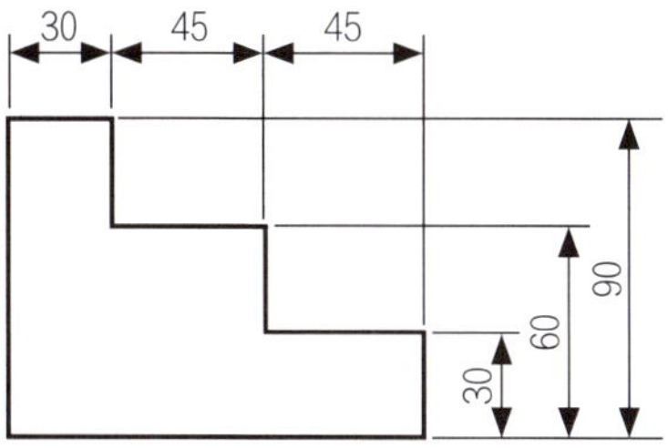

图6-55 台阶绘制

2. 分析饰架三视图

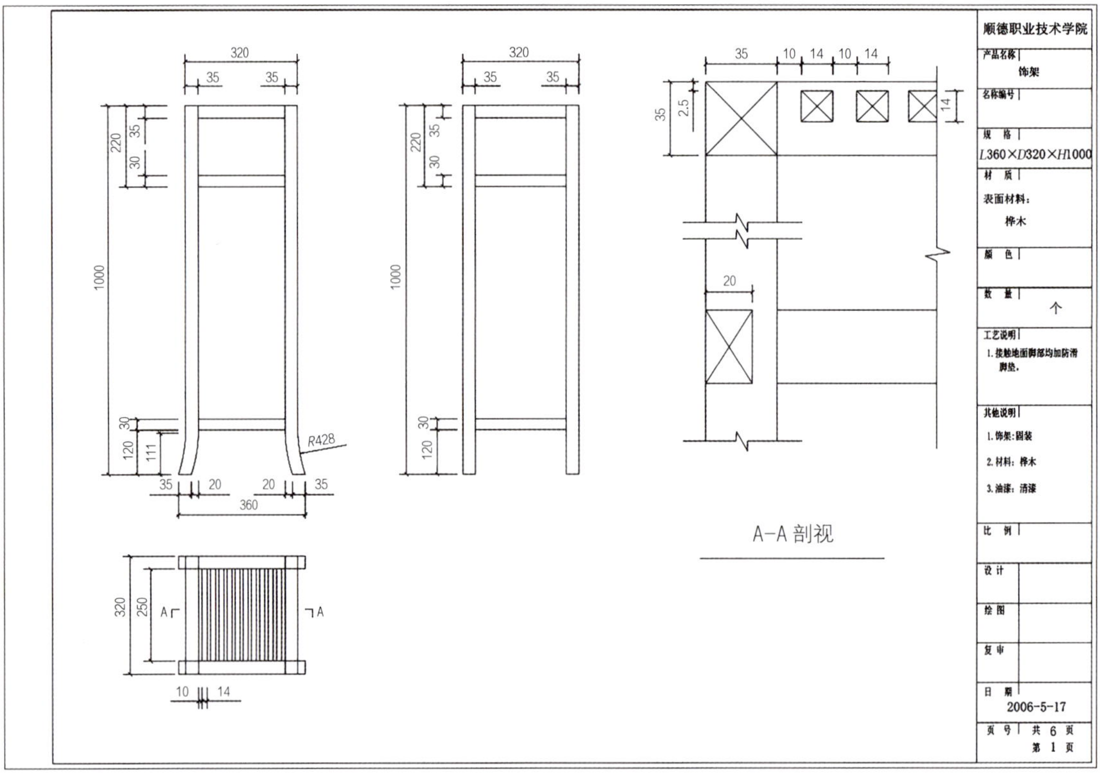

图6-56 饰架三视图

二、CAD 绘制二维图形的系列问题

（1）构造线主要用于辅助绘图，其绘制方法主要有哪些？

（2）如何创建多线样式并绘制多线？

（3）如何绘制有厚度的矩形？

（4）如何绘制实心圆和虚圆环？

（5）什么是面域？创建面域的方法有哪些？

学习情境七

编辑图形对象

12 课时

学习目标

知识目标

1 了解图形修改的命令要求与快捷键使用。

2 掌握CAD对象特性的设置与修改。

3 掌握删除、复制等修改操作。

4 学习三维表面模型创建方法与操作要点。

能力目标

1 能编辑与修改已经绘制好的图形。

2 能用计算机绘制三维家具图形。

3 能根据情况修改现有三维图形。

素质目标

1 沟通协调能力。

2 耐心细致的工作态度。

3 技术革新的能力。

课前学习　熟悉图形编辑

本章主要介绍AutoCAD二维图形编辑命令、家具CAD绘图等知识点，通过对知识点与绘图方法的熟练掌握，为后续家具CAD设计的学习做铺垫。

一、了解基本的编辑命令

AutoCAD二维图形编辑命令是由“命令操作”和“对象选择”两部分组成的。基本命令操作可以归纳为删除图形类编辑命令、复制图形类编辑命令、修改图形对象类编辑命令、改变图形位置类编辑命令等。

（1）删除图形类编辑命令主要有：删除（Erase）命令等，即删除被选中的图形对象。

（2）复制类编辑命令主要有：复制（Copy）、镜像（Mirror）、阵列（Array）。

①复制（Copy）命令：复制一个（或多个）被选中的图形对象。

②镜像（Mirror）命令：复制具有对称结构的图形。

③阵列（Array）命令：矩形或环形复制若干相同且有规律分布的图形结构。

（3）修改图形对象类编辑命令主要有：倒角（Chamfer）、圆角（Fillet）、修剪（Trim）、延伸（Extend）、打断（Break）等。

①圆角（Fillet）命令：给定半径对相交两条线段圆角。注意：圆半径为零、选择点的位置、多义线的圆角等情况。

②倒角（Chamfer）命令：给定两个切割距离（可相同）对相交两条线段倒角。注意：修剪模式与不修剪模式的区别、多义线的倒角的情况。

③修剪（Trim）命令：给定边界修剪图线的某一段或几段。

④延伸（Extend）命令：用于将线段延长至某一指定边界。

⑤打断（Break）命令：将选定图线给定两点断开。注意：封闭图形（如圆）的断开、断一端、分为两个对象而图线不断等的操作。

（4）改变图形位置类编辑命令主要有：移动（Move）、旋转（Rotate）、缩放（Scale）、偏移（Offset）、拉伸（Stretch）、拉长（Lengthen）等。

①移动（Move）命令：移动一个或多个被选对象，操作类似于复制（Copy）命令。

②旋转（Rotate）命令：将被选对象绕指定基点旋转，可给定旋转角，也可用参考角方式。

③缩放（Scale）命令：用于改变图形的真实大小。

④偏移（Offset）命令：也称平行命令，给定距离或通过点平行复制某一线段。

⑤拉伸（Stretch）命令：用于对图形的某一局部进行拉伸、压缩、移动或变形。

⑥拉长（Lengthen）命令：用于将线段拉长至某一指定尺寸。

（5）其他类编辑命令主要有：炸开（Explode）、编辑多义线（Pedit）等。

①炸开（Explode）命令：将块、矩形、正多边形、多义线以及尺寸标注等实体对象分解成单个对象（多义线分解后将失去宽度特性）。

②编辑多义线（Pedit）命令：用于多义线对绘制的图线进行编辑操作。

二、熟悉编辑图形的顺序

AutoCAD二维图形编辑命令是由“命令操作”和“对象选择”两部分组成的。一般情况下，操作顺序主要有两种情况：先输入编辑命令，再选择对象进行编辑操作；先选择对象，再启动命令进行编辑操作。

AutoCAD的命令输入方式有：

（1）在命令行窗口中输入命令或组合键。命令行输入指令时，字母是不分大、小写的，只要命令正确，就可以成功进入该命令的操作窗口中。在命令行窗口中输入命令的简写字母（常称为AutoCAD快捷键），即快速进入指令的命令，比如L（line）、C（circle）、A（arc）等，这种命令输入方法是使用最多的方法。还有，在AutoCAD中也有一些命令，比如保存、打开、新建等命令，可以分别使用Ctrl＋S、Ctrl＋O、Ctrl＋N等形式的组合键，像这样的组合键有很多，也可以大大提高绘图效率。

（2）使用命令菜单。在AutoCAD软件界面的上面的第二行是菜单栏，在每一个菜单栏的下拉菜单中有不同的绘图命令，通过菜单栏的下拉菜单也能快速进入绘图。事实上，AutoCAD软件的所有命令都可以在菜单栏找到。

（3）使用工具图标。在AutoCAD软件界面的上面的第三行是功能区，在功能区中常常放置最常用的命令工具图标。另外，在AutoCAD软件的绘图区也有一些浮动工具栏，这些工具栏也是把一些同类的工具放置在一起，当用到某一类操作时，可以只打开某一工具栏。如此设置可以提高绘图效率。

（4）使用历史记录的命令。打开历史记录窗口，按向下箭头键选择历史命令，找到后按回车键，即可再次执行命令。或者，在历史记录窗口上点击鼠标右键后弹出下拉菜单中选择近期使用相关命令。

（5）使用右击下拉菜单中选择相关命令。在绘图区上点击鼠标右键后弹出下拉菜单中，选择近期使用过的相关命令，也可以由重复（刚才执行过的）命令或“最近输入”中选择。也可以先选择对象，激活热点后选择相应的操作。

课中学习 图形对象的编辑

一、复制图形

（一）复制

复制图形是指将选定的对象从一个位置复制到另一个位置。其用法与移动对象相似，不同点在于有复制的作用。

可采用以下方法执行复制命令：

①选择“修改”→“复制”命令（Copy）。

②在“修改”工具栏中单击“复制”按钮。

③在命令行中输入：“Copy”或快捷键“CO或CP”。

执行复制命令后，AutoCAD提示如下：

选择对象：找到1个（选择想复制的对象，选择后屏幕提示已选择的对象的个数）

选择对象：（可继续选择对象或回车确认选择）

当前设置：复制模式=多个

指定基点或［位移（D）/模式（O）］<位移>：

主要选项说明如下：

①指定基点：确定复制基点，为默认项。执行此默认项，即指定一点作为复制基点后，AutoCAD提示：“指定第二个点或<使用第一个点作为位移>：”，在此提示下再确定一点，AutoCAD会将选择的对象按两点确定的位移量复制到指定位置，然后AutoCAD可能会继续提示（由复制模式确定，见后面的介绍）：“指定第二个点或［退出（E）/放弃（U）］<退出>：”，如果在这样的提示下再依次确定位移的第二点，AutoCAD会将选择的对象按基点与其他各点确定的位移量进行多次复制；如果按回车键、空格键或Esc键，即可结束复制命令。

注意：执行复制命令并指定基点后，如果在“指定第二个点或<使用第一个点作为位移>：”提示下直接按回车键或空格键，AutoCAD会将该基点的各坐标值作为位移量复制对象，然后结束复制命令。

②位移（D）：根据位移量复制对象，也即输入坐标，输入的坐标值实际上是相对于原点的相对坐标。

③模式（O）：确定复制的模式。执行该选项，AutoCAD提示：“输入复制模式选项［单个（S）/多个（M）］<多个>：”，其中“单个（S）”表示只执行一次复制，而“多个（M）”则表示可以多次复制，这也是默认选项。

如图7-1所示为复制前后的对比。图7-1（a）中以左上小圆的圆心为基点，另外三个圆角的圆心为复制的终点。

（二）镜像

镜像图形是指将选中的对象按指定的镜像线作镜像复制。

可采用以下方法调用镜像命令：

①选择菜单中的“修改”→“镜像”命令。

②选择工具栏中的“修改”→“镜像”按钮。

③在命令行中输入：“Mirror”或快捷键“MI”。

执行镜像命令后，AutoCAD命令行提示：

选择对象：（选择要镜像的对象）

选择对象：（可继续选择，也可回车结束选择对象）

指定镜像线的第一点：（确定镜像线上的一点）

指定镜像线的第二点：（确定镜像线上的另一点）

要删除源对象吗？[是（Y）/否（N）]<N>：（若输入Y即回答“是”选项，则AutoCAD除镜像复制对象外，还要删除掉原对象；若输入N即回答“否”选项，则AutoCAD镜像复制对象，并保留原来的对象）

再看图7-1的实例，这个实例也用镜像来复制3个小圆，方法是以两条中心线为镜像线来复制小圆。

特别说明：

镜像线由输入的两点决定，该线不一定要真实存在，而且镜像线可以是任意角度的直线，不一定是水平线或垂直线。

当文字属于镜像范围时，有两种镜像结果：一种为文字完全镜像；另一种是文字不完全镜像，即文字仍为可读方式。这两种镜像状态由系统变量Mirrtext控制。系统变量Mirrtext的值为1时，文字作完全镜像；Mirrtext的值为0时，文字则按可读方式镜像；系统变量Mirrtext的初始值是1，如图7-2所示。

（三）阵列

阵列图形是指将选中的对象按矩形方式或环形方式多重复制。

可采用以下方法调用阵列命令：

①选择菜单中的“修改”→“阵列…”命令。

②选择工具栏中的“修改”→“阵列”按钮。

③在命令行中输入：“Array”或快捷键“AR”。

执行Array命令后，AutoCAD弹出如图7-3所示“阵列”对话框。利用此对话框，用户可以形象、直观地进行矩形或环形阵列的设置。

（1）矩形阵列复制。在“阵列”对话框中，选择“矩形阵列”单选按钮，可以以矩形阵列方式复制对象，从而创建选定对象的副本的行和列阵列，如图7-4所示。

主要项的功能解释如下：

①行：指定阵列中的行数。如果只指定了一行，则必须指定多列；如果为此阵列指定了许多行和许多列，它可能要花费一些时间来创建副本。

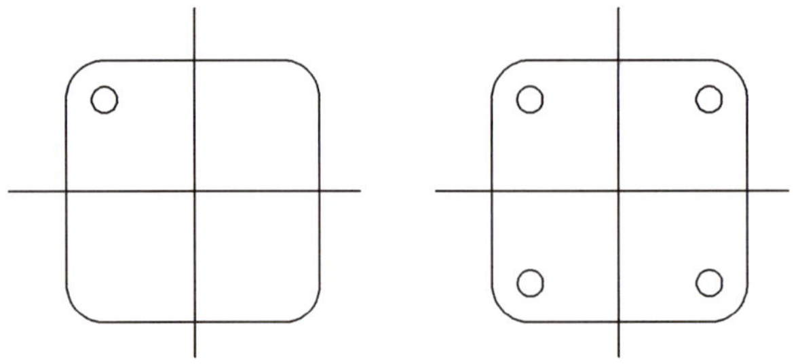
（a）　　（b）

图7-1 复制前后的对比

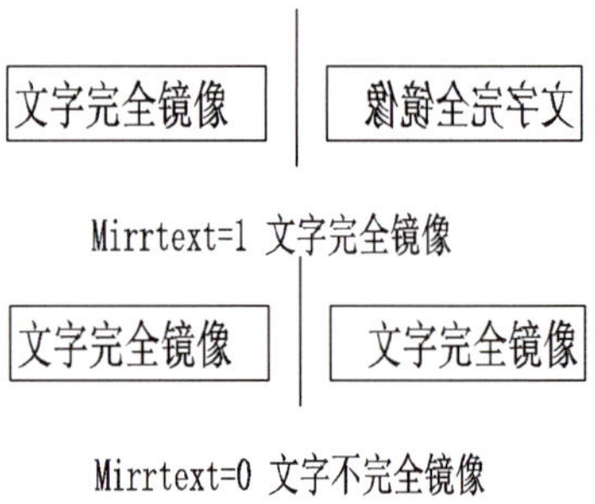

图7-2 镜像

默认情况下，在一个命令中可以生成的阵列元素最大数目为100000。用户可以直接在相应的文本框中输入数值即可。

②列：指定阵列中的列数。如果只指定了一列，则必须指定多行。如果为此阵列指定了许多行和许多列，它可能要花费一些时间来创建副本。默认情况下，在一个命令中可以生成的阵列元素最大数目为100000。用户可以直接在相应的文本框中输入数值即可。

③偏移距离和方向：可以在此指定阵列偏移的距离和方向。用于确定矩形阵列的行间距、列间距及整个阵列的旋转角度，用户可以在相应的文本框中输入数值即可，也可以单击相应的按钮，在绘图屏幕上拾取。默认情况下，如果“行偏移”为负值，则阵列后的行会添加在原对象的下方；如果“行偏移”为正值时则添加在上方。如果“列偏移”为负值，阵列后的列添加在原对象的左边；如果“列偏移”为正值，则阵列后的列添加在原对象的右边。

• 行偏移：指定行间距（按单位）。要向下方添加行，请指定负值；要使用定点设备指定行间距，请用“拾取两个偏移”按钮或“拾取行偏移”按钮。

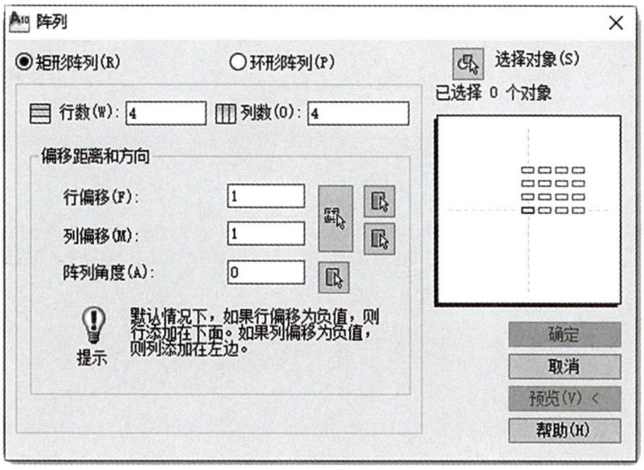

图7-3 “阵列”对话框

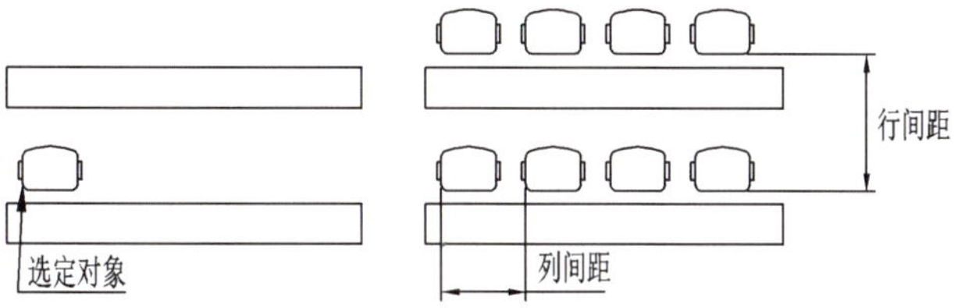

图7-4 矩形阵列

• 列偏移：指定列间距（按单位）。要向左边添加列，请指定负值；要使用定点设备指定列间距，请用“拾取两个偏移”按钮或“拾取列偏移”按钮。

• 阵列角度：指定旋转角度。此角度通常为0，因此行和列与当前UCS的X和Y图形坐标轴正交。

④“选择对象”按钮：选择要阵列的对象。单击该按钮，AutoCAD切换到绘图屏幕，提示“选择对象”，在此提示下选择阵列对象后按Enter键，AutoCAD又返回如图7-3所示的对话框。

⑤“预览”按钮：预览阵列效果。利用“阵列”对话框确定阵列参数并选择阵列对象后，用户可以预览阵列效果。单击“预览”按钮，AutoCAD切换到绘图屏幕并按当前设置显示阵列效果，同时弹出对话框，让用户确认接受或是修改。

当通过“阵列”对话框设置了阵列参数后，AutoCAD会在对话框内右侧的图像框中显示阵列模拟效果。

（2）环形阵列复制。在“阵列”对话框中，选择“环形阵列”单选按钮，可以以环形阵列方式复制对象，从而通过围绕指定的圆心复制选定对象来创建阵列，如图7-5所示。如图7-6所示为环形阵列时用到的对话框，其主要项的功能如下：

①中心点：确定环形阵列的阵列中心位置。用户可以直接在文本框中输入坐标值，也可以单击“拾取中心点”按钮，从屏幕上拾取。

②“方法和值”选项组：确定环形阵列的具体方法与相应数据。

• “方法”：确定环形阵列的方法。可以通过下拉列表在“项目总数和填充角

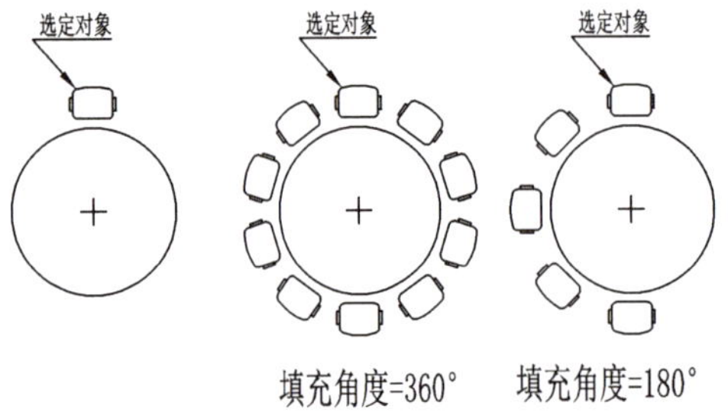

图7-5 环形阵列

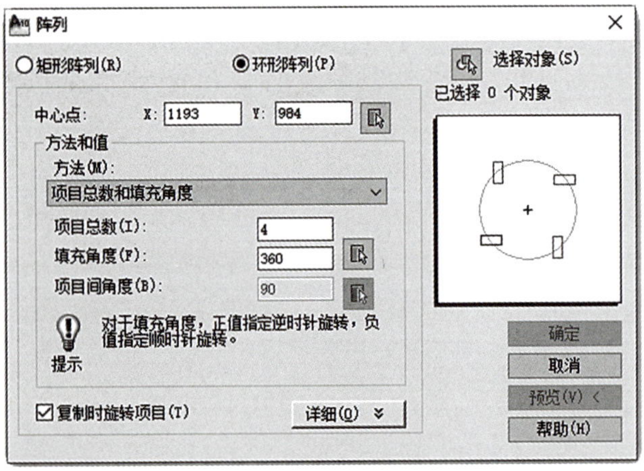

图7-6“环形阵列”对话框

度”“项目总数和项目间的角度”以及“填充角度和项目间的角度”之间选择。其中，“项目总数”表示环形阵列后的对象个数（包括原对象）；“填充角度”表示环形阵列的填充角度；“项目间的角度”表示阵列后相邻两个对象之间的角度。

- “项目总数”“填充角度”“项目间角度”文本框：根据所选择的阵列方法，分别确定阵列时项目总数、填充角度、项目间角度的具体数值。对于填充角度来说，在默认设置下，正值将沿逆时针方向环形阵列对象，负值则沿顺时针方向阵列对象。

③“复制时旋转项目”复选框：确定环形阵列对象时对象本身是否绕其基点旋转，如图7-5所示。

④“对象基点”选项组：确定对象本身的基点位置，即相对于选定对象指定新的参照（基准）点。对对象指定阵列操作时，这些选定对象将与阵列中心点保持不变的距离。要构造环形阵列，Array将确定从阵列中心到最后选定对象上的参照点（基点）之间的距离，所使用的点取决于对象类型，如表7-1所示。

表7-1 对象基点

对象类型	默认基点
圆弧、圆、椭圆	圆心
多边形、矩形	第一个角点
圆环、直线、多段线、三维多段线、射线、样条曲线	起点
块、段落文字、单行文字	插入点
构造线	中点
面域	栅格点

- 设为对象的默认值：使用对象的默认基点定位阵列对象。要手动设置基点，请清除此选项。
- 基点：设置新的X和Y基点坐标。选择“拾取基点”临时关闭对话框，并指定一个点。指定了一个点后，“阵列”对话框将重新显示。

⑤其他项的功能：与矩形阵列一样，“选择对象”按钮用于确定要阵列的对象，“预览”按钮用于预览阵列效果，“确定”按钮用于确认阵列设置。

二、修改图形对象

（一）倒角

倒角常常用于将两条非平行直线或多段线做出有斜度的倒角。使用时应先设定倒角距离，然后再指定直线修倒角，如图7-7所示。

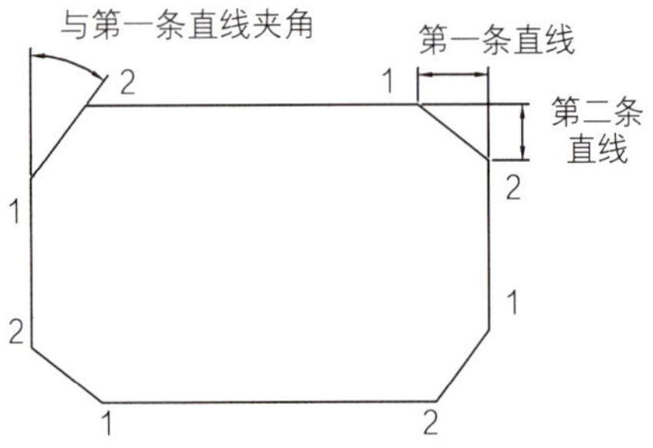

图7-7 倒角命令操作示意

可以用以下几种方法调用“倒角”命令：

①选择菜单中的“修改”→“倒角”命令。

②在“绘图”工具栏中单击“倒角”按钮。

③在命令行中输入：“Chamfer”或快捷键“CHA”。

启动“倒角”命令后，命令行提示如下：

（“修剪”模式）当前倒角距离1=0.0，距离2=0.0

选择第一条直线或[放弃（U）/多段线（P）/距离（D）/角度（A）/修剪（T）/方式（E）/多个（M）]：

主要选项说明如下：

①放弃（U）：取消执行倒角。

②多段线（P）：以当前设置的倒角大小对多段线的各顶点（交角）修倒角。

③距离（D）：设置倒角距离尺寸。输入该选项后，命令行提示：

指定第一个倒角距离<0.0>：100（设置第一个倒角距离）

指定第二个倒角距离<100.0>：200（设置第二个倒角距离）

选择第一条直线或[放弃（U）/多段线（P）/距离（D）/角度（A）/修剪（T）/方式（E）/多个（M）]：（选择要倒角的第一条边）

选择第二条直线，或按住Shift键选择要应用角点的直线：（选择要倒角的第二条边，如果同时按Shift键，则自动以零距离倒角得到角点）

④角度（A）：根据第一个倒角距离和角度来设置倒角尺寸。输入该选项后，命令行提示：

指定第一条直线的倒角长度<0.0000>：

指定第一条直线的倒角角度<0>：

选择第一条直线或[放弃（U）/多段线（P）/距离（D）/角度（A）/修剪（T）/方式（E）/多个（M）]：

选择第二条直线，或按住Shift键选择要应用角点的直线：

⑤修剪（T）：设置倒角后是否对相应的倒角边进行修剪。命令行将显示“输入修剪模式选项[修剪（T）/不修剪（N）]<修剪>：”提示信息。其中，选择“修剪（T）”选项，表示倒角后对倒角边进行修剪；选择“不修剪（N）”选项，表示不进行修剪。

⑥方式（E）：设置倒角的方法，命令行显示“输入修剪方法[距离（D）/角度（A）]<距离>：”提示信息。其中，选择“距离（D）”选项，将根据已设置的两倒角距离来倒角；选择“角度（A）”选项，将以一条边的距离以及相应的角度来进行倒角。

⑦多个（M）：对多个对象修倒角。命令行将重复显示主提示和“选择第二个对象”提示，直到用户按回车键结束命令。

（二）圆角

圆角命令用来对两个对象进行圆弧连接，它还能对多段线的多个顶点进行一次性修圆角，圆角使用与对象相切并且具有指定半径的圆弧连接两个对象，如图7-8所示。

可以用以下几种方法调用“圆角”命令：

①选择菜单中的“修改”→“圆角”命令。

②在“绘图”工具栏中单击“圆角”按钮。

③在命令行中输入：“Fillet”或快捷键“F”。

输入命令后，命令行提示如下：

当前设置：模式=修剪，半径=0.0

选择第一个对象或[放弃（U）/多段线（P）/半径（R）/修剪（T）/多个（M）]：

选择第二个对象，或按住Shift键选择要应用角点的对象：

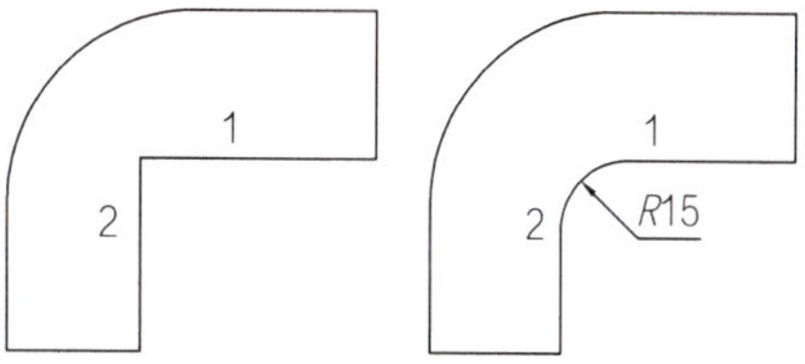

图7-8 圆角命令的操作示意

主要选项说明如下：

①选择第一个对象：选择定义二维圆角所需的两个对象中的第一个对象，或选择三维实体的边以便给其加圆角。

②多段线（P）：在二维多段线中两条线段相交的每个顶点处插入圆角弧。如果一条弧线段将会聚于该弧线段的两条直线段分开，则执行Fillet将删除该弧线段并代之以圆角弧。

③半径（R）：圆角半径是连接被圆角对象的圆弧半径。修改圆角半径将影响后续的圆角操作但并不影响现有的圆角弧。如果设置圆角半径为0，则被圆角的对象将被修剪或延伸直到它们相交，并不创建圆弧。

④修剪（T）：控制Fillet是否将选定的边修剪到圆角弧的端点。修剪，修剪选定的边到圆弧端点；不修剪：不修剪选定边。

⑤多个（M）：对多个对象修圆角。命令行将重复显示主提示和“选择第二个对象”提示，直到用户按回车键结束命令。

（三）修剪

“修剪”命令是指用由某些对象定义的剪切边来修剪指定的对象，通俗地讲，就好像用剪刀剪掉对象的某一部分一样，如图7-9所示。注意：在AutoCAD中，可以作为剪切边的对象有直线、圆弧、圆、椭圆或椭圆弧、多段线、样条曲线、构造线、射线以及文字等。

可采用以下方法执行修剪命令：

①选择“修改”→“修剪”命令（Trim）。

②在“修改”工具栏中单击“修剪”按钮。

③在命令行中输入：“Trim”或快捷键“TR”。

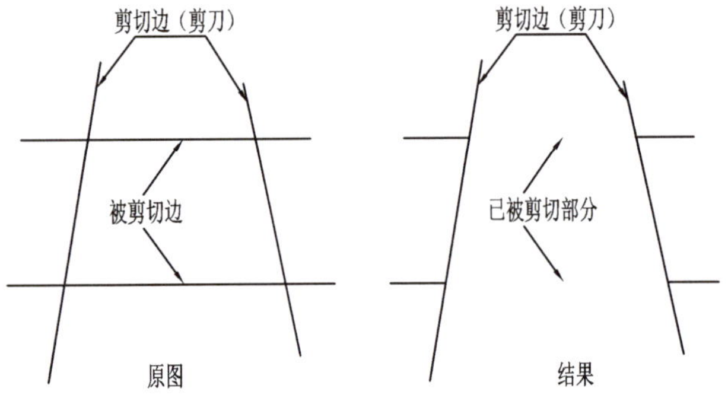

图7-9 修剪命令操作实例

执行修剪命令后，AutoCAD提示如下：

当前设置：投影=UCS，边=延伸（提示当前的剪切边隐含延伸模式）

选择剪切边...

选择对象或<全部选择>：（选择作为剪切边的对象，按Enter键则选择全部对象）找到1个（显示已选择作为剪切边对象的个数）

选择对象：找到1个，总计2个（继续选择，显示已选择作为剪切边对象的总数）

选择对象：（直接回车，表示结束剪切边的选择）

选择要修剪的对象，或按住Shift键选择要延伸的对象，或

[栏选（F）/窗交（C）/投影（P）/边（E）/删除（R）/放弃（U）]：

主要选项说明如下：

①选择要修剪的对象，或按住Shift键选择要延伸的对象：选择对象进行修剪或将选择的对象延伸到剪切边对象，此为默认项。如果用户在该提示下选择被修剪对象，系统将以剪切边为界，将被修剪对象上位于拾取点一侧的部分剪切掉。如果按下Shift键，同时选择与剪切边不相交的对象，剪切边将变为延伸边界，将选择的对象延伸至与剪切边界相交。

②栏选（F）：以栏选方式（用户可通过此方式构造任意折线，凡与折线相交的对象均被选中）确定被修剪对象并进行修剪。

③窗交（C）：使与矩形选择窗口边界相交的对象作为被修剪对象并进行修剪。

④投影（P）：确定执行修剪操作时的操作空间。执行该选项，AutoCAD提示如下：

输入投影选项［无（N）/UCS（U）/视图（V）］<UCS>：

• 无（N）：按实际三维空间的相互关系修剪，即只有在三维空间实际相交的对象才能进行修剪或延伸，而不是按它们在平面上的投影关系进行修剪（二维图形一般不存在此问题）。

• UCS（U）：在当前UCS（用户坐标系，有关UCS的概念详见后面章节）的*XY*平面上修剪。选择该选项后，可在当前*XY*平面上按图形的投影关系修剪在三维空间中并不相交的对象（一般用于三维绘图）。

• 视图（V）：在当前视图平面（即计算机绘图屏幕）上按相交关系修剪（一般用于三维绘图）。

⑤边（E）：确定修剪边的隐含延伸模式。执行该选项，AutoCAD提示如下：

输入隐含边延伸模式［延伸（E）/不延伸（N）］<延伸>：

• 延伸（E）：按延伸模式修剪，即如果剪切边太短，没有与被修剪对象相交，那么AutoCAD会假想地将剪切边延长，然后进行修剪，如图7-10所示。

• 不延伸（N）：只按各边的实际相交情况修剪，即如果剪切边太短，没有与被修剪对象相交，那么AutoCAD就不进行修剪。

⑥删除（R）：在不退出修剪命令的情况下删除指定对象。

⑦放弃（U）：取消上一次的操作。

注意：对象既可以作为剪切边，同时，也可以是被修剪的对象。在修剪若干个对象时，使用不同的选择方法有助于选择当前的剪切边和被修剪对象。在实际绘图过程中，常常使用窗交选择选定剪切边的方法，如此可以大大地提高工作效率，如图7-11所示。

（四）延伸

延伸命令与修剪命令刚好相反，它是指将指定的对象延伸到指定的边界。延伸命令的使用方法和修剪命令的使用方法相似，不同之处在于：使用延伸命令时，如果在按下Shift键的同时选择对象，则执行修剪命令；使用修剪命令时，如果在按下Shift键的同时选择对象，则执行延伸命令。

可采用以下方法执行延伸命令：

①选择“修改”→“延伸”命令（Extend）。

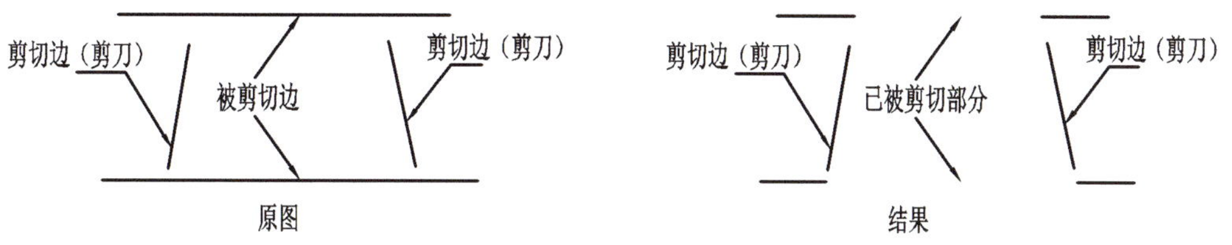

图7-10　延伸模式修剪

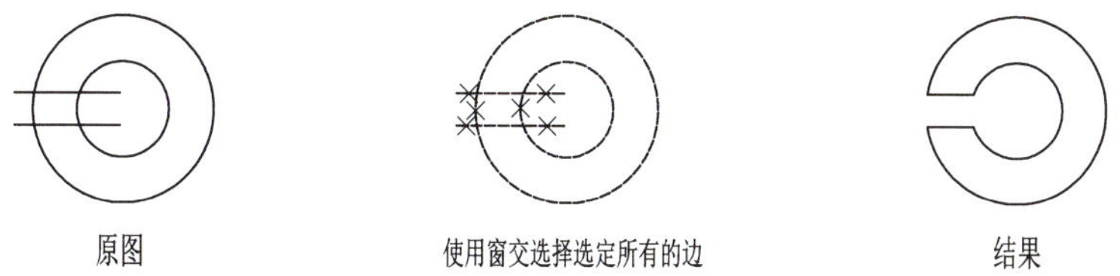

图7-11　使用窗交选择选定剪切边的方法

②在“修改”工具栏中单击“延伸”按钮。

③在命令行中输入:“Extend”或快捷键“EX”。

执行延伸命令后,AutoCAD提示如下:

当前设置:投影=UCS,边=延伸(提示当前的延伸边隐含延伸模式)

选择边界的边...

选择对象或<全部选择>:(选择作为边界边的对象,按Enter键则选择全部对象)找到1个(显示已选择作为边界边的对象的个数)

选择对象:(可以继续选择对象)

选择要延伸的对象,或按住Shift键选择要修剪的对象,或

[栏选(F)/窗交(C)/投影(P)/边(E)/放弃(U)]:

如图7-12所示为延伸前和延伸后的图形。

(五)打断与多段线

1. 打断

用打断命令可以把实体中某一部分在选中的某点处断开,进而删除。可采用以下方法执行打断命令:

①选择菜单中的“修改”→“打断”命令。

②选择工具中的“修改”→“打断”按钮。

③在命令行中输入:“Break”或快捷键“BR”。

执行打断命令后,AutoCAD提示如下:

选择对象:(选取要打断的对象)

指定第二个打断点或[第一点(F)]:(选取第二个打断点或者输入F)

选项说明如下:

①当提示“指定第二个打断点或[第一点(F)]”时,若直接点取对象上的一点,则将对象上所点取的点与选择对象时鼠标点击位置之间的那部分删除。

②若键入@,则将对象在选取点处一分为二。

③若在对象外面的一端方向处点取一点,则把选择对象时的位置与现鼠标点击位置之间的那部分删除(这种情况与①相似)。

④若键入“F”,AutoCAD将会提示:

指定第一个打断点:(输入打断的第一点位置,这样通过捕捉方式精确指定位置)

指定第二个打断点:(在此提示下,用户可按前面介绍的几种方式选取第二个点)

注意:如果对圆执行打断命令,则AutoCAD将圆上第一个点取点与第二个点取点之间沿逆时针方向的圆弧删除。

2. 多段线

在AutoCAD中,“多段线”是一种非常有用的线段对象,它是由等宽或不等宽的直线或圆弧组成的一个组合体,在编辑图形时,它被作为一个整体看待。

多段线是作为单个对象创建的相互连接的序列线段。可以创建直线段、弧线段或两者的组合线段,如图7-13所示。具体来说,使用“宽度”和“半宽”选项可以设置要绘制的下一条多段线的宽度。零宽度生成细线,大于零的宽度生成宽线,如果“填充”模式打开则填充

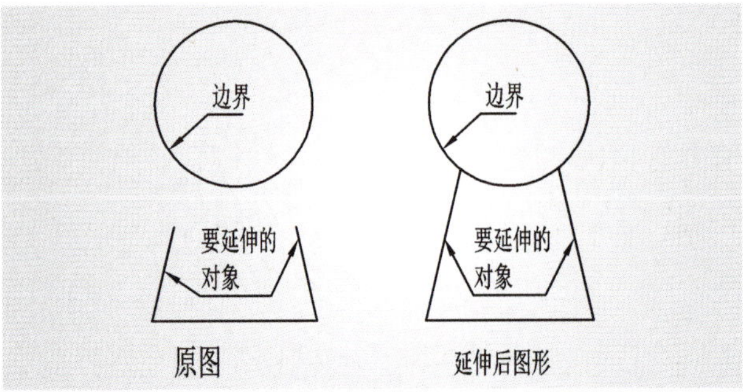

图7-12 延伸图形

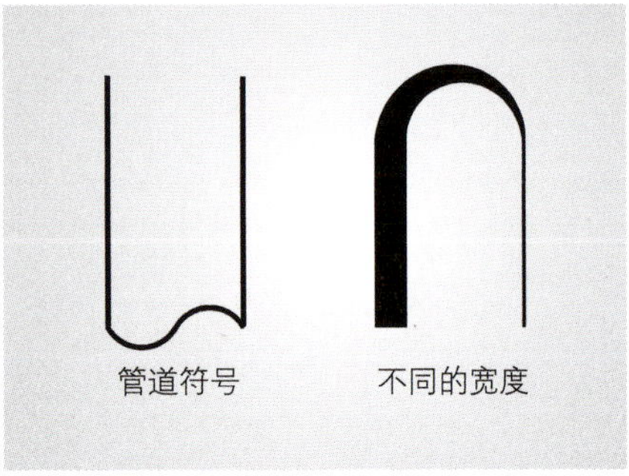

图7-13 组合线段

该宽线，如果关闭则只画出轮廓。“半宽”选项通过指定多段线的中心到外边缘的距离来设置宽度。

多段线提供单个直线所不具备的编辑功能。例如，可以调整多段线的宽度和曲率。创建多段线之后，可以使用Pedit命令对其进行编辑，或者使用Explode命令将其转换成单独的直线段和弧线段。

（1）创建多段线。可以用以下几种方法调用“多段线”命令：

①选择菜单中的“绘图”→“多段线”命令。

②在“绘图”工具栏中单击“多段线”按钮。

③在命令行中输入：“Pline”或快捷键“PL”。

输入命令后，命令行提示如下：

指定起点：

当前线宽为0.0000

指定下一个点或［圆弧（A）/半宽（H）/长度（L）/放弃（U）/宽度（W）］：

指定下一点或［圆弧（A）/闭合（C）/半宽（H）/长度（L）/放弃（U）/宽度（W）］：

各选项说明如下：

①圆弧（A）：由原来的画直线转成绘制弧线。同时AutoCAD会提示：

指定圆弧的端点或

［角度（A）/圆心（CE）/闭合（CL）/方向（D）/半宽（H）/直线（L）/半径（R）/第二个点（S）/放弃（U）/宽度（W）］：

• 角度（A）：根据圆弧的包含角绘制圆弧。执行该选项，AutoCAD提示：

指定包含角：

在该提示下应输入圆弧的包含角。正角度值将按逆时针方向绘制圆弧，负角度值则按顺时针方向绘制圆弧。输入角度后回车，则AutoCAD提示：

指定圆弧的端点或［圆心（CE）/半径（R）］：

用户只需依据以上的提示进行相应操作即可。

• 圆心（CE）：根据圆弧的圆心位置绘制圆弧。执行该选项，AutoCAD提示：

指定圆弧的圆心：

用户确定了圆弧的圆心并回车后，AutoCAD提示：

指定圆弧的端点或［角度（A）/长度（L）］：

用户只需依据以上的提示进行相应操作即可。

• 闭合（CL）：用圆弧封闭多段线。闭合后，同时结束多段线命令。

• 方向（D）：确定所要绘制的圆弧在起点处的切线方向。执行该选项，AutoCAD提示：

指定圆弧的起点切向：

用户可通过输入起点方向与水平方向夹角的角度来确定圆弧的起点切向。输入角度后，AutoCAD提示：

指定圆弧的端点：

用户在该提示下，确定圆弧的另一个端点，即可绘制出圆弧。

• 半宽（H）：确定圆弧的起点半宽与端点半宽。执行该选项，AutoCAD提示：

指定起点半宽：

指定端点半宽：

输入起点和端点的半宽后，下次所绘的圆弧同样按该半宽值进行绘制。

• 直线（L）：将绘制圆弧方式改为绘制直线方式。执行该选项，AutoCAD返回到“指定下一个点或[圆弧（A）/半宽（H）/长度（L）/放弃（u）/宽度（w）]：”提示。

• 半径（R）：根据半径绘制出圆弧。执行该选项，AutoCAD提示：

指定圆弧的半径：

输入圆弧的半径值后，AutoCAD提示：

指定圆弧的端点或[角度（A）]：

用户只需依据以上的提示进行相应操作即可。

• 第二个点（S）：根据圆弧上的其他两点绘制圆弧。执行该选项，AutoCAD提示如下：

指定圆弧上的第二个点：

指定圆弧的端点：

用户只需依据以上的提示进行相应操作即可。

• 放弃（U）：取消最近一次绘制的圆弧。

• 宽度（W）：确定用户所要绘制的圆弧的起点宽度与端点宽度。执行该选项，AutoCAD提示如下：

指定起点宽度：

指定端点宽度：

用户只需依据以上的提示进行相应操作即可。

②闭合（C）：执行该选项，AutoCAD从当前点向多段线的起点以当前宽度绘制多段线，从而创建闭合的多段线，同时结束多段线命令。需要注意的是：必须至少指定两个点才能使用该选项。

③半宽（H）：确定所绘多段线的半宽度，也即所设的值是多段线宽度的一半。执行该选项，AutoCAD提示如下：

指定起点半宽：

指定端点半宽：

用户只需依据以上的提示进行相应操作即可。

④长度（L）：在与上一线段相同的角度方向上绘制指定长度的直线段。如果上一线段是圆弧，所绘直线方向为该圆弧终点的切线方向。执行该选项，AutoCAD提示如下：

指定直线的长度：

用户只需依据以上的提示进行相应操作即可。

⑤放弃（U）：取消最近一次绘制的直线或圆弧段，利用该选项可以及时修改在绘图过程中出现的错误。

⑥宽度（W）：确定所绘多段线的宽度。执行该选项，AutoCAD提示如下：

指定起点宽度：

指定端点宽度：

用户只需依据以上的提示进行相应操作即可。

注意：

多段线的线条是否填充，由系统变量FILLMODE确定。当FILLMODE=1，绘出的多段线填充；当FILLMODE=0时，绘出的多段线不填充。

多段线的线宽为零时，则其线宽可通过设置图层线宽来控制。否则，其线宽由自身的线宽决定，并不受所在图层线宽大小的影响。

多段线的线宽大于0时，当需要封闭多段线时，则必须使用“闭合（C）”选项。否则，如果使用捕捉点的方法去闭合，则终点和起点重合处会出现缺口，如图7-14所示。

（2）编辑多段线。在AutoCAD中，可以一次编辑一条或多条多段线。多段线的编辑命令可以对多段线进行改变线宽、曲线拟合、合并多条线及顶点编辑等操作。

可采用以下方法调用“编辑多段线”进行编辑操作：

①选择菜单中的“修改”→“对象”→“多段线”命令。

②选择工具栏中的“修改II”→“编辑多段线”。

③在命令行中输入：“Pedit”或快捷键“PE”。

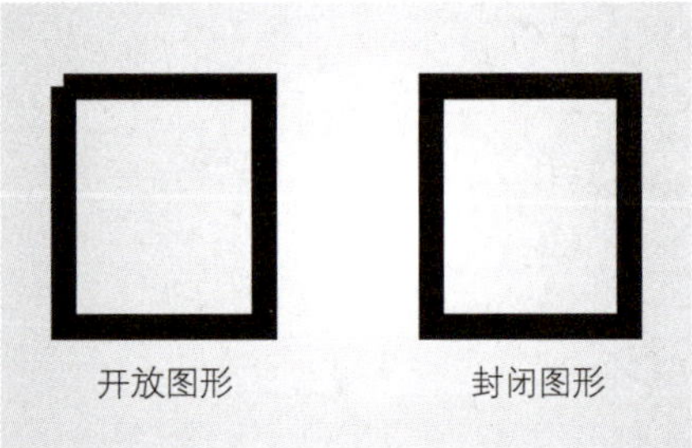

图7-14 开放与封闭图形

输入命令后，命令行提示：

选择多段线或［多条（M）］：（选择要编辑的多段线）

输入选项［闭合（C）/合并（J）/宽度（W）/编辑顶点（E）/拟合（F）/样条曲线（S）/非曲线化（D）/线型生成（L）/放弃（U）］：

各选项说明如下：

①多条（M）：选择该项可选择多条多段线，并同时对其进行各种编辑操作。

②打开（O）/闭合（C）：选择该项可闭合或打开多段线对象。当所选多段线是封闭的，则该项变为“打开”，可以重新打开多段线；若所选多段线是打开的，则该项变为“闭合”，可以对多段线进行闭合操作。

③合并（J）：可将相连的直线段或者弧线段连成一条多段线。该项在多段线是“打开”状态时可用。

④宽度（W）：该项用于修改多段线的宽度。

⑤编辑顶点（E）：可以对顶点进行编辑，如移动、打断、增加及减少顶点等。

⑥拟合（F）：创建圆弧拟合多段线（由圆弧连接每对顶点的平滑曲线）。该曲线通过多段线的所有顶点并使用指定的切线方向。

⑦样条曲线（S）：对多段线进行样条拟合，它是由多段线顶点控制生成的样条曲线，该曲线不一定经过这些顶点，因此，拟合曲线更显光滑。

⑧非曲线化（D）：删除拟合曲线或样条曲线插入的多余顶点，并拉直多段线的所有线段。保留指定给多段线顶点的切向信息，用于随后的曲线拟合。

⑨线型生成（L）：通过多段线的顶点生成连续线型。关闭此选项，将在每个顶点处以点划线开始和结束生成线型。“线型生成”不能用于宽度变化的多段线。

⑩放弃（U）：取消上一次操作。

注意：

当执行多段线编辑命令后，命令行提示选择多段线时，若用户选择的对象不是多段线，则命令行会提示用户是否将其转换为多段线，选择“是”，则可将所选对象转换为多段线，从而对其进行各种编辑操作。

（六）云线与样条曲线

1. 云线

云线（Revcloud），也称修订云线，是指创建由连续圆弧组成的多段线，以构成云线形对象。在检查或用红线圈阅图形时，常常使用“修订云线”的显亮标记，以提高工作效率。如图7-15所示，图（a）是徒手画绘制的普通样式云线，图（b）是徒手画绘制的手绘样式云线，图（c）是由矩形对象修改得到的普通样式云线，图（d）是由矩形对象修改得到的手绘样式云线。

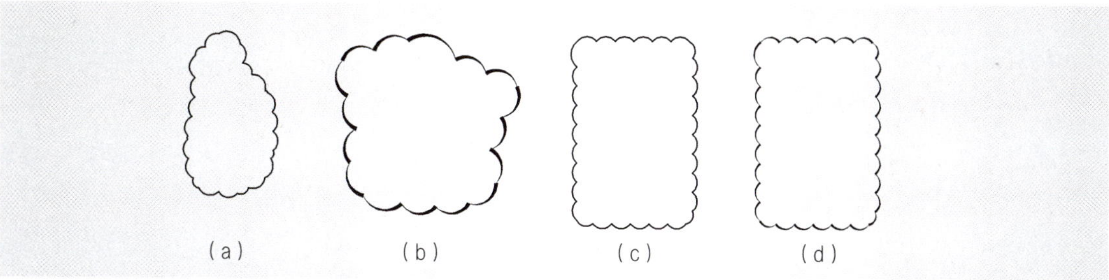

图7-15 修订云线

可以用以下几种方法调用“修订云线”命令：

①选择菜单中的“绘图”→“修订云线”命令。

②在“绘图”工具栏中单击“修订云线”按钮。

③在命令行中输入：“Revcloud”。

输入命令后，命令行提示如下：

最小弧长：15　最大弧长：15　样式：普通

指定起点或[弧长(A)/对象(O)/样式(S)]<对象>：

沿云线路径引导十字光标...

修订云线完成。

各选项说明如下：

①指定起点：可以从头开始创建修订云线。用户可以在绘图区输入多个点，从而形成一个“云线”的图形。

②对象（O）：可以将闭合对象（例如圆、椭圆、闭合多段线或闭合样条曲线）转换为修订云线。将闭合对象转换为修订云线时，如果DELOBJ设置为1（默认值），原始对象将被删除。

当用户输入“O”选项后，命令行提示如下：

选择对象：

反转方向[是（Y）/否（N）]<否>：（可以自己选择一个，按字面来理解即可）

修订云线完成。

③弧长（A）：可以为修订云线的弧长设置默认的最小值和最大值（最大弧长必须等于或大于最小弧长）。绘制修订云线时，可以使用拾取点选择较短的弧线段来更改圆弧的大小，也可以通过调整拾取点来编辑修订云线的单个弧长和弦长。

④样式（S）：有“普通”和“手绘”两个选项可选。“普通”样式是由一条曲线构成云状的图形，“手绘”样式则是手拿毛笔来画的云状的图形。

2. 样条曲线

样条曲线是一种通过或接近指定点的拟合曲线。在AutoCAD中，其类型是非均匀有理B样条（Non-Uniform Rational Basis Splines，NURBS）曲线，适用于表达具有不规则变化曲率半径的曲线。例如，机械图形的断面、地形外貌轮廓线等。在设计领域中，常使用样条曲线（Spline）命令设计某些工艺品的轮廓线。

（1）绘制样条曲线。可以用以下几种方法调用“样条曲线”命令：

①选择菜单中的“绘图”→“样条曲线”命令。

②在“绘图”工具栏中单击“样条曲线”按钮。

③在命令行中输入：“Spline”或快捷键“SPL”。

输入命令后，命令行提示如下：

指定第一个点或[对象（O）]：

指定下一点：

指定下一点或[闭合（C）/拟合公差（F）]<起点切向>：

指定下一点或[闭合（C）/拟合公差（F）]<起点切向>：

指定起点切向：

指定端点切向：

各选项说明如下：

①对象（O）：选择该选项可将样条曲线拟合多段线转换为样条曲线。样条曲线拟合多段线是指使用Pedit命令中的“样条曲线”选项，将普通多段线转换成样条曲线的对象。

②闭合（C）：选择该选项可将样条曲线的端点与起点闭合，从而绘制出闭合的样条曲线。

③拟合公差（F）：选择该选项可定义曲线的偏差值。值越大，离控制点越远；值越小，离控制点越近。修改拟合当前样条曲线的公差，根据新公差以现有点重新定义样条曲线。可以重复更改拟合公差，但这样做会更改所有控制点的公差，不管选定的是哪个控制点。如果公差设置为0，则样条曲线通过拟合点。输入大于0的公差将使样条曲线在指定的公差范围内通过拟合点，如图7-16所示。

④起点切向：指定样条曲线的起点切线方向。

⑤端点切向：指定样条曲线的结束

点切线方向。

下面通过一个实例说明绘制样条曲线的具体步骤：单击样条曲线（S）的工具图标或输入命令，调用样条曲线命令。根据命令行的提示进行操作：

①指定样条曲线的起点1，也可以指定一个图形对象。

②指定点2。

③指定点3至点5以创建样条曲线。在此步骤中，可以输入“拟合公差（F）”来修改公差数值，控制曲线的曲率；也可以输入“闭合（C）”选项，使此曲线闭合；然后直接按Enter键一次。

④指定起点切线和端点切线。在此步骤中，可以直接按Enter键两次（起点一次，端点一次），得到的图形效果如图7-17（a）点1和点5所示；也可以用鼠标点击指定切线方向，如图7-17（b）点1和点5所示，此曲线的起点和端点切线方向为水平方向。

（2）编辑样条曲线。可以用以下几种方法调用“编辑样条曲线”命令：

①选择菜单“修改”→“对象”→“样条曲线”菜单。

②选择工具栏“修改II”→“样条曲线”按钮。

③在命令行中输入：“Splinedit”或快捷键“SPE”。

输入命令后，AutoCAD提示：

选择样条曲线：（选择要编辑的样条曲线）

输入选项［拟合数据（F）/闭合（C）/移动顶点（M）/精度（R）/反转（E）/转换为多段线（P）/放弃（U）］：

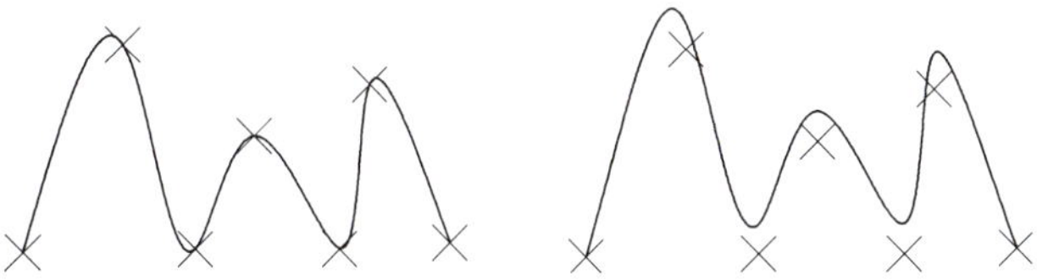

拟合公差（F）= 0　　　拟合公差（F）= 10

图7-16 样条曲线的公差

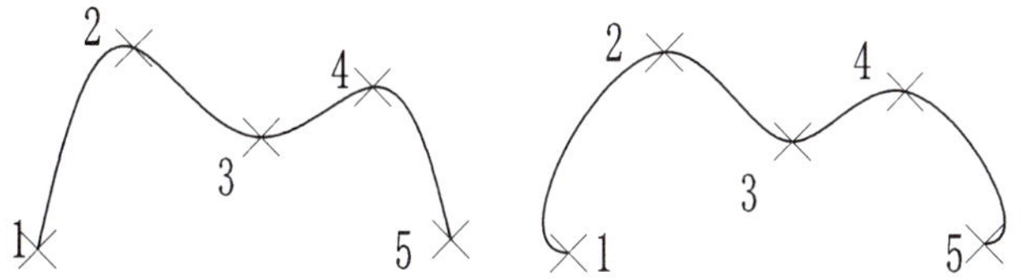

（a）　　　（b）

图7-17 样条曲线实例

各选项说明如下：

①拟合数据（F）：选择该选项后，命令行提示“输入拟合数据选项［添加（A）/闭合（C）/删除（D）/移动（M）/清理（P）/相切（T）/公差（L）/退出（X）］<退出>：”（输入选项或按Enter键）。注意：如果选定的样条曲线为闭合，则“闭合”选项将由“打开”选项替换。

其中各选项说明如下：

• 添加（A）：在样条曲线中增加拟合点。具体操作为：选择点之后，Splinedit将亮显该点和下一点，使用“放弃”选项删除增加的最后一点。在打开的样条曲线上选择最后一点，只亮显该点。如果在打开的样条曲线上选择第一点，可以选择将新拟合点放置在第一点之前或之后（命令行会提示：指定新点或［后面（A）/前面（B）］<退出>：）。

• 闭合（C）：闭合开放的样条曲线，使其在端点处切向连续（平滑）。如果样条曲线的起点和端点相同，则此选项将使样条曲线在两点处都切向连续。如果选定的样条曲线为闭合，则“闭合”选项将由“打开”选项替换。

• 打开（O）：打开闭合的样条曲线。如果在使用“闭合”选项使样条曲线在起点和端点处切向连续之前样条曲线的起点和端点相同，则“打开”选项将使样条曲线返回其原始状态。起点和端点保持不变，但失去其切向连续性（平滑）。如果在使用“闭合”选项使样条曲线在起点和端点相交处切向连续之前样条曲线是打开的（即起点和端点不相同），则“打开”选项将使样条曲线返回原始状态并删除切向连续性。

• 删除（D）：从样条曲线中删除拟合点，并且用其余点重新拟合样条曲线。

• 移动（M）：把拟合点移动到新位

置。输入该选项后，命令行提示：指定新位置或［下一个（N）/上一个（P）/选择点（S）/退出（X）］<下一个>：指定点、输入选项或按Enter键退出，返回到“输入拟合数据选项”提示。

• 清理（P）：从图形数据库中删除样条曲线的拟合数据。清理样条曲线的拟合数据后，将显示不包括“拟合数据”选项的Splinedit主提示。

• 相切（T）：编辑样条曲线的起点和端点切向。

• 公差（L）：使用新的公差值将样条曲线重新拟合至现有点。

• 退出（X）：返回Splinedit主提示。

②闭合（C）：如果选定的样条曲线为闭合，则“闭合”选项将由“打开”选项替换。

• 闭合：闭合开放的样条曲线，使其在端点处切向连续（平滑）。如果样条曲线的起点和端点相同，则此选项将使样条曲线在两点处都切向连续。

• 打开：打开闭合的样条曲线。如果在使用“闭合”选项使样条曲线在起点和端点处切向连续之前样条曲线的起点和端点相同，则“打开”选项将使样条曲线返回其原始状态。起点和端点保持不变，但失去其切向连续性（平滑）。如果在使用“闭合”选项使样条曲线在起点和端点相交处切向连续之前样条曲线是打开的（即起点和端点不相同），则“打开”选项将使样条曲线返回原始状态并删除切向连续性。

③移动顶点（M）：重新定位样条曲线的控制顶点并清理拟合点。输入该选项后，命令行提示：指定新位置或［下一个（N）/上一个（P）/选择点（S）/退出（X）］<下一个>：指定点、输入选项或按Enter键。

各选项说明：

• 新位置：将选定的点移动到指定的新位置。

• 下一个（N）：将选定点移动到下一点。即使样条曲线为闭合，点标记也不会从端点跳转到起点。

• 上一个（P）：将选定点移回前一点。即使样条曲线为闭合，点标记也不会从起点跳转到端点。

• 选择点（S）：从控制点集中选择点。

• 退出（X）：返回Splinedit主提示。

④精度（R）：精密调整样条曲线定义。输入该选项后，命令行提示：输入精度选项［添加控制点（A）/提高阶数（E）/权值（W）/退出（X）］<退出>：输入选项或按Enter键

各选项说明如下：

• 添加控制点（A）：增加控制部分样条的控制点数。输入该选项后，命令行提示：在样条曲线上指定点<退出>：指定点或按Enter键。Splinedit将在影响该部分样条曲线的两个控制点之间紧靠着选定的点添加新的控制点。

• 提高阶数（E）：增加样条曲线上控制点的数目。输入该选项后，命令行提示：输入新阶数<当前>：输入整数或按Enter键。输入大于当前阶数的值将增加整个样条曲线的控制点数，使控制更为严格，阶数的最大值为26。

• 权值（W）：修改不同样条曲线控制点的权值。较大的权值将样条曲线拉近其控制点。输入该选项后，命令行提示：输入新权值（当前值=当前权值）或［下一个（N）/上一个（P）/选择点（S）/退出（X）］<下一个>：输入值、输入选项或按Enter键

各选项说明如下：

• 新权值：AutoCAD根据选定控制点的新权值重新计算样条曲线。该整数值越大，样条曲线就越拉向控制点。

• 下一个（N）：将选定点移动到下一点。即使样条曲线为闭合，点标记也不会从端点跳转到起点。

• 上一个（P）：将选定点移回前一点。即使样条曲线为闭合，点标记也不会从起点跳转到端点。

• 选择点（S）：从控制点集中选择点。

• 退出（X）：返回“精度”主提示。

• 退出（X）：返回Splinedit主提示。

⑤反转（E）：反转样条曲线的方向。

⑥转换为多段线（P）：将此曲线转换为多段线。

⑦放弃（U）：取消上一编辑操作。

三、改变图形位置

（一）移动

1. 移动命令的定义与解释

移动对象是指将选定的对象从一个位置移动到另一个位置。可采用以下方法执行移动命令：

①选择“修改”→“移动”命令（Move）。

②在“修改”工具栏中单击“移动”按钮。

③在命令行中输入：“Move”或快捷键“M”。

执行移动命令后，AutoCAD提示如下：

选择对象：找到1个（选择想移动的对象，选择后屏幕提示已选择的对象的个数）

选择对象：（用户可继续选择或回车结束选择）

指定基点或［位移（D）］<位移>：（指定一点作为位移的基点，相当于移动的起点）（位移：根据位移量移动对象，即输入坐标，输入的坐标值实际上是相对于原点的相对坐标）

指定第二个点或<使用第一个点作为位移>：（指定一点，作为目标对象移动的终点，如果在此提示下直接按回车键或空格键，AutoCAD则会将所指定的第一点的各坐标值作为移动位移量来移动对象）

2. 移动命令的具体用法

①通过上述方法启动命令。

②在AutoCAD提示下选择圆1为对象，然后直接按回车键结束选择对象。

③指定点1为基点。

④指定点2为终点，最终得到的图形如图7-18（b）所示。

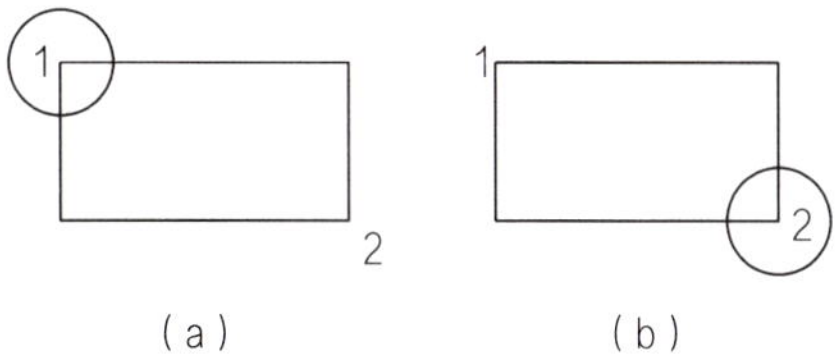

图7-18 移动命令实例

（二）旋转

1. 旋转命令的定义与解释

旋转命令可以将对象参照某个基点进行旋转，该命令不会改变对象的整体尺寸大小。

可采用以下方法执行旋转命令：

①选择菜单“修改”→“旋转”命令。

②单击工具“修改”→“旋转”按钮。

③在命令行中输入：“Rotate”或快捷键“RO”。

输入命令后，命令行提示：

UCS当前的正角方向：ANGDIR=逆时针ANGBASE=0

选择对象：

指定基点：

指定旋转角度，或［复制（C）/参照（R）］<0>：

各选项说明如下：

①旋转角度：决定对象绕基点旋转的角度。旋转轴通过指定的基点，并且平行于当前UCS的Z轴。

②复制（C）：创建要旋转的选定对象的副本。

③参照（R）：将对象从指定的角度旋转到新的绝对角度。命令行提示如下：

指定参照角度<上一个参照角度>：可以通过输入值或指定两点来指定角度

指定新角度或［点（P）］<上一个新角度>：可以通过输入值或指定两点来指定新的绝对角度。

2. 旋转命令的具体用法

可以绕指定基点旋转图形中的对象。要确定旋转的角度，请输入角度值，使用光标进行拖动，或者指定参照角度，以便与绝对角度对齐。

①按指定角度旋转对象：输入旋转角度值（0°～360°）。输入正角度值逆时针或负角度值顺时针旋转对象，这取决于“图形单位”对话框中的“方向控制”设置。

②通过拖动旋转对象：绕基点拖动对象并指定第二点。为了更加精确，请使用“正交”模式、极轴追踪或对象捕捉。例如如图7-19所示，选择对象，指定基点2并通过拖动到另一点3指定旋转角度来旋转房子的平面视图。

③旋转对象到绝对角度：使用“参照”选项，可以旋转对象，使其与绝对角度对齐。例如要旋转图7-20中的部件，使对角边旋转到90°，可以选择要旋转的对象，指定基点3，然后输入“参照”选项。对于参照角度，请指定对角线的两个端点（点4和点5），新角度输入数值90。

（三）缩放

缩放命令可以改变目标对象的尺寸大小。该命令可以把整个实体或者实体的一部分沿*X*、*Y*、*Z*方向使用相同的比例因子放大或缩小，由于三个方向的缩放率相同，保证了缩放实体的形状不变。可采用以下几种方法对目标对象进行缩放：

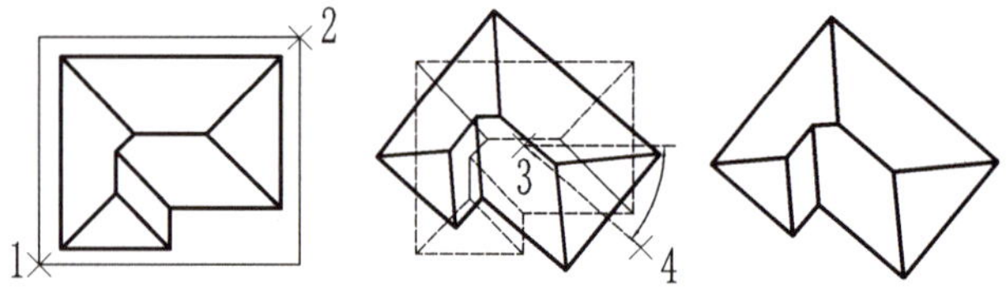

图7-19 拖动旋转对象

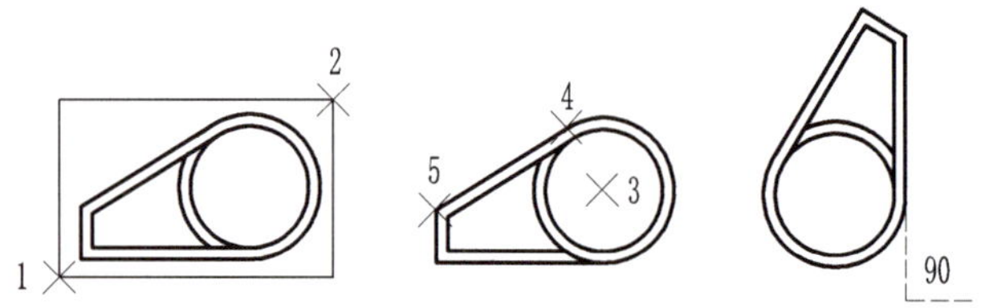

图7-20 旋转对象到绝对角度

①选择菜单“修改”→“缩放”命令。

②选择工具栏“修改”→“缩放”按钮。

③在命令行中输入：“Scale”或快捷键“SC”。

输入命令后，命令行提示：

选择对象：（选择将要缩放的对象，完成后按回车）

指定基点：（指定缩放时参考的基准点，基点是在缩放时保持不动的点）

指定比例因子或［复制（C）/参照（R）］<1．0>：（输入缩放比例因子）

各选项说明如下：

①复制（C）：创建要缩放的选定对象的副本。

②参照（R）：按参照的长度和指定的新长度缩放选定的对象。缩放的倍数等于新长度值除以参照的长度值。实际操作中，可以先指定选定对象原有的长度，再直接输入缩放后的长度。例如，想要将A圆放大为B圆，假设绘图者不知道A圆的半径，因此，就需要运用“参照”选项，参照长度可以指定A圆的半径，也可以是直径，那么相应地指定新长度时，就要输入30（指定A圆半径为参照），或者输入B圆的直径60（指定A圆直径为参照），如图7-21所示。

（四）偏移

偏移操作用于平行复制，通过该命令可以创建同心圆（对于圆来说）、平行线（对于直线来说）或等距曲线（对于圆

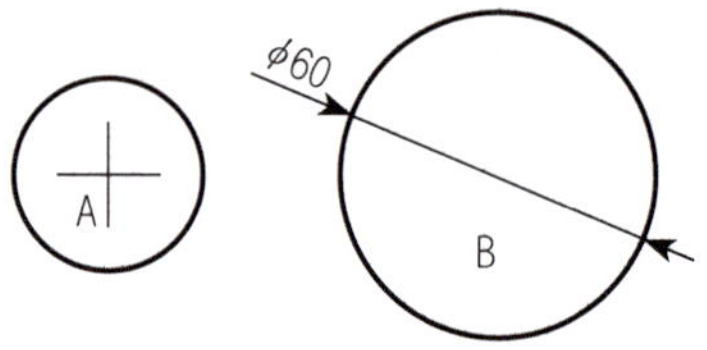

图7-21 参照缩放

弧等曲线来说）。可采用以下方法执行偏移命令：

①选择“修改”→“偏移”命令（Offset）。

②在“修改”工具栏中单击“偏移”按钮。

③在命令行中输入：“Offset”或快捷键“O”。

执行偏移命令后，AutoCAD提示如下：

当前设置：删除源=否图层=源OFFSETGAPTYPE=0

指定偏移距离或［通过（T）/删除（E）/图层（L）］<通过>：

各选项说明：

①指定偏移距离：根据偏移距离复制对象。如果在“指定偏移距离或［通过（T）/删除（E）/图层（L）］<通过>：”提示下输入距离值后按回车键，AutoCAD提示如下：

选择要偏移的对象，或［退出（E）/放弃（U）］<退出>：（选择要偏移的对象，此时只能选择一个操作对象，也可以按回车键，执行“退出”选项结束命令）

指定要偏移的那一侧上的点，或［退出（E）/多个（M）/放弃（U）］<退出>：

• 指定要偏移的那一侧上的点：相对于源对象，在要偏移到的一侧任意拾取一点，即可实现偏移，而后AutoCAD继续提示：“选择要偏移的对象，或［退出（E）/放弃（U）］<退出>：”（可以继续选择对象进行偏移）。

• 退出（E）：退出偏移命令的执行。

• 多个（M）：利用当前设置的偏移距离重复进行偏移操作。

• 放弃（U）：取消前一次的操作。

②通过（T）：使对象偏移复制后通过指定的点。

③删除（E）：确定偏移复制后是否删除源对象。

④图层（L）：确定将偏移后得到的对象创建在当前图层还是源对象所在的图层。执行“图层（L）”选项，AutoCAD提示：“输入偏移对象的图层选项［当前（C）/源（S）］<源>：”

•“当前（C）”选项：表示将偏移后得到的对象创建在当前图层上。

•“源（S）”选项：表示要将偏移后得到的对象创建在源对象所在的图层。

注意：对不同的对象执行偏移命令后会有不同的结果：①对圆弧作偏移后，新圆弧与旧圆弧有同样的包含角，但新圆弧的长度会发生改变；②对直线段、构造线、射线作偏移，实际上就是平行复制；③对圆或椭圆作偏移后，新圆、新椭圆与旧圆、旧椭圆有同样的圆心，但新圆的半径或新椭圆的轴长会发生相应变化，如图7-22所示。

（五）拉伸

拉伸可以按指定的方向和角度拉伸或缩短目标对象。它可以拉长、缩短或改变对象的形状。在选择拉伸对象时，只能使用交叉窗口或交叉多边形的方式，与窗口相交的对象将被拉伸，窗口内的对象将随之移动。

可采用以下几种方法对目标对象进行拉伸：

①选择菜单“修改”→“拉伸”命令。

②选择工具栏“修改”→“拉伸”按钮。

③在命令行中输入：“Stretch”或快捷键“S”。

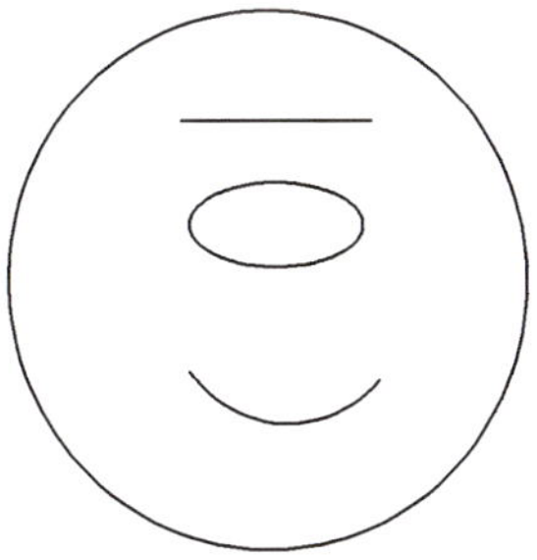

偏移对象前

偏移对象后

图7-22　对不同对象执行偏移命令

输入命令后，命令行提示：

以交叉窗口或交叉多边形选择要拉伸的对象...（用交叉窗口或交叉多边形选择要拉伸的对象，选择完成后回车）

指定基点或［位移（D）］<位移>：

指定第二个点或<使用第一个点作为位移>：

对于直线、圆弧、区域填充和多段线等对象，若其所有部分均在选择窗口内则对象将被移动，如果只有一端在选择窗口内，则遵循以下拉伸规则：

①直线：位于窗口外的端点不动，位于窗口内的端点移动。

②圆弧：与直线类似，但在圆弧改变的过程中，圆弧的弦高保持不变，同时调整圆心的位置和圆弧起始角、终止角的值。

③区域填充：位于窗口外的端点不动，位于窗口内的端点移动。

④多段线：与直线和圆弧相似，但多段线两端的宽度、切线方向及曲线拟合信息均不改变。

其他对象，如圆、椭圆、块及文本等没有端点的图形元素将不能被拉伸。如果其定义点位于选择窗口内，对象发生移动，否则不动。其中圆和椭圆对象的定义点为圆心，块对象的定义点为插入点，文字和属性定义的定义点为字符串基线的左端点。

四、综合案例

（一）利用矩形命令、圆角命令、尺寸标注命令绘制图形

利用矩形命令、圆角命令、尺寸标注命令绘制如图7-23所示图形。

1. 绘制矩形

（1）点击“绘图”工具栏的“矩形”图标，启动命令

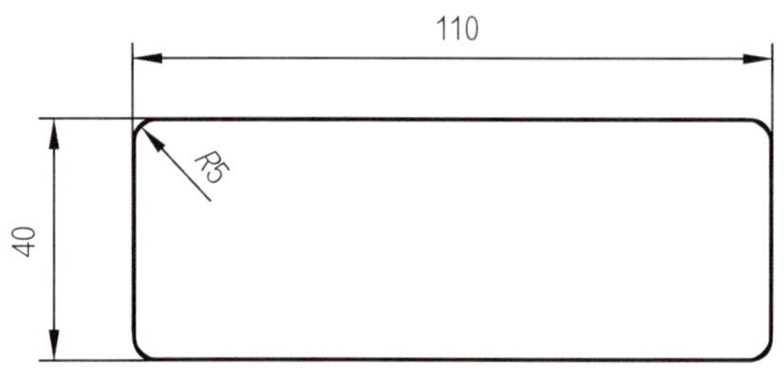

图7-23 示例图形

Rectang。

（2）在命令行中“指定第一个角点或［倒角（C）/标高（E）/圆角（F）/厚度（T）/宽度（W）］：”的提示下，在绘图区指定的位置点击一点，即可得到第一点。

（3）在命令行中“指定另一个角点或［面积（A）/尺寸（D）/旋转（R）］：”的提示下，输入“@110，40”，直接按回车键即可得到矩形。

2. 绘制圆角

（1）点击“绘图”工具栏的“矩形”图标，启动命令Fillet。

（2）在命令行中“当前设置：模式=修剪，半径=0.0000选择第一个对象或［放弃（U）/多段线（P）/半径（R）/修剪（T）/多个（M）］：”的提示下，输入“r”，直接按空格键，指定圆角半径5。

（3）在命令行中“选择第一个对象或［放弃（U）/多段线（P）/半径（R）/修剪（T）/多个（M）］：”的提示下，输入“p”。

（4）在命令行中“选择二维多段线：”的提示下，点击刚才绘制好的矩形图形，即可得到带圆角的矩形。

3. 尺寸标注

（1）点击菜单栏“格式”“标注样式（D）”进行标注样式设置，如图7-24所示。

（2）点击菜单栏“标注”→“线性（L）”按钮进行标注，在“指定第一条延伸线原点或<选择对象>：”的提示下，选择左边框线；在命令行中“指定第二条延伸线原点：”的提示下，选择右边框线；在命令行中“指定尺寸线位置或［多行文字（M）/文字（T）/角度（A）/水平（H）/垂直（V）/旋转（R）］：”的提示下，在上边框上方点击即可。

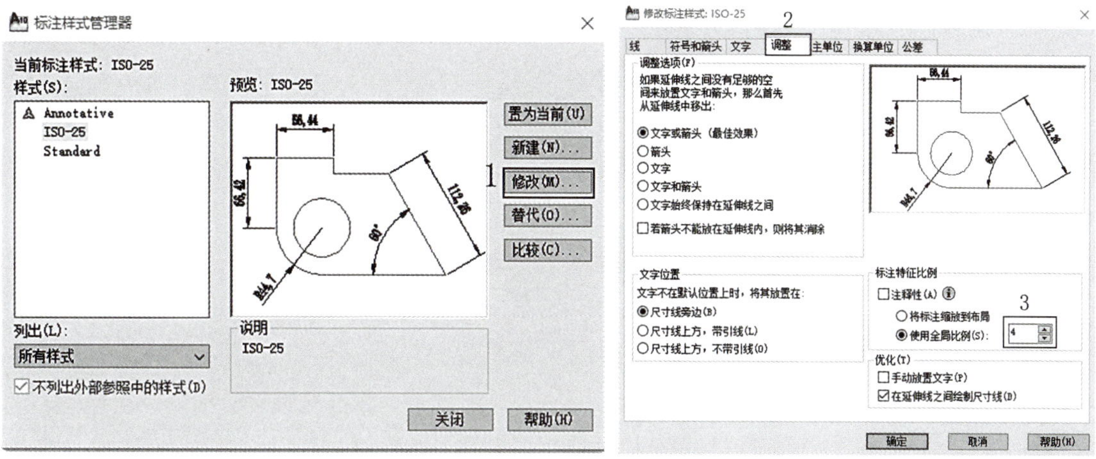

图7-24 标注样式设置

（3）按下空格键，重复上一次“线性”标注命令，标注尺寸为40的标注样式。

（4）点击菜单栏“标注”→“半径（R）”按钮进行标注，在命令行中“选择圆弧或圆：”的提示下，选择第一个圆角；在命令行中“标注文字=5指定尺寸线位置或[多行文字（M）/文字（T）/角度（A）]：”的提示下，在圆角旁边点击一下，确定位置即可。

（二）利用直线、圆等命令绘制图形

本次任务是在之前学习的基础上，增加一些知识点，如图7-25所示。

1. 绘制矩形轮廓

（1）点击“绘图”工具栏的“直线”图标，启动命令Line，在命令行中“指定第一点：”的提示下，在绘图区指定的位置点击一点，即可得到第一点。

（2）在命令行中“指定下一点或[放弃（U）]：”的提示下，把鼠标拉向直线水平方向，输入“120”后，直接按回车键。

（3）在命令行中“指定下一点或[放弃（U）]：”的提示下，把鼠标拉向直线垂直方向，输入“120”后，直接按回车键。

（4）在命令行中“指定下一点或[闭合（C）/放弃（U）]：”的提示下，把鼠标拉向直线水平方向（注意与第二步方向相反），输入“120”后，直接按回车键。

（5）在命令行中“指定下一点或[闭合（C）/放弃（U）]：”的提示下，输入“C”即可。

2. 绘制圆角

（1）点击“修改”工具栏的“圆角”图标，启动命令Fillet，在命令行中“当前设置：模式=修剪，半径=0.0000选择第一个对象或[放弃（U）/多段线（P）/半径（R）/修剪（T）/多个（M）]：”的提示下，输入“R”，直接按回车键。

（2）在命令行中“选择第一个对象或[放弃（U）/多段线（P）/半径（R）/修剪（T）/多个（M）]：r指定圆角半径<0.0000>：”的提示下，输入“30”，直接按回车键。

（3）在命令行中“选择第一个对象或[放弃（U）/多段线（P）/半径（R）/

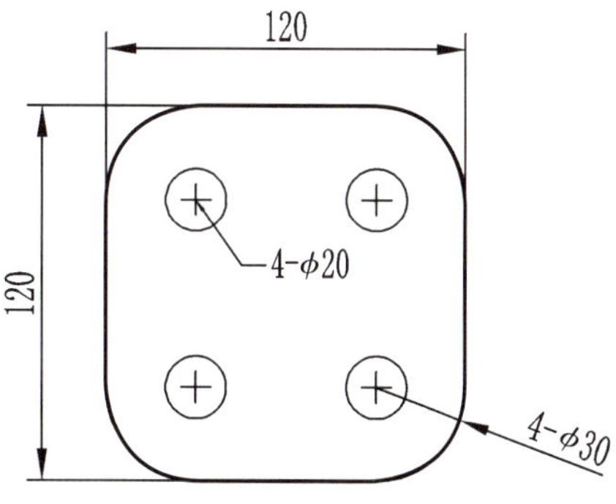

图7-25 图样示例

修剪（T）/多个（M）]：”的提示下，点击矩形角上的第一条边即可。

（4）在命令行中“选择第二个对象，或按住Shift键选择要应用角点的对象：”的提示下，点击矩形角上的第二条边即可。

其他三个圆角都用相同的方法来绘制。

3. 绘制圆

（1）点击“绘图”工具栏的“圆”图标，启动命令Circle，在命令行中“指定圆的圆心或[三点（3P）/两点（2P）/切点、切点、半径（T）]：”的提示下，用鼠标捕捉到圆角的圆心，然后点击确定好此圆心位置。

（2）在命令行中“指定圆的半径或[直径（D）]：”的提示下，输入“20”，直接按回车键即可。

4. 复制圆

（1）点击“修改”工具栏的“复制”图标，启动命令Copy，在命令行中“选择对象：”的提示下，用鼠标点击前面绘好的圆，按下回车键，结束选择对象动作。

（2）在命令行中“当前设置：复制模式=多个指定基点或[位移（D）/模式（O）]<位移>：”的提示下，用鼠标捕捉到复制圆的圆心，然后点击确定，指定基点。

（3）在命令行中“指定基点或[位移（D）/模式（O）]<位移>：指定第二个点或<使用第一个点作为位移>：”的提示下，用鼠标捕捉到圆角的圆心，然后点击确定。

（4）在命令行中“指定第二个点或[退出（E）/放弃（U）]<退出>：”的提示下，用鼠标捕捉到下一个圆角的圆心，然后点击确定。其他的可依次类推。

5. 尺寸标注

（1）点击菜单栏“格式”→“标注样式（D）”，进行标注样式设置。上个实例中已经说明，在此不再重复。

（2）点击菜单栏“格式”→“文字样式（D）”进行标注样式设置，如图7-26所示。

（3）点击菜单栏“标注”→“线性（L）”按钮进行标注，“指定第一条延伸线原点或<选择对象>：”的提示下，选择左边框线；在命令行中“指定第二条延伸线原点：”的提示下，选择右边框线；在命令行中“指定尺寸线位置或[多行文字（M）/文字（T）/角度（A）/水平（H）/垂直（V）/旋转（R）]：”的提示下，在上边框上方点击即可。重复动作标注另外一个方向的尺寸。

（4）点击菜单栏“标注”→“多重引线（E）”按钮，启动命令：Mleader，在命令行中“指定引线箭头的位置或[引线基线优先（L）/内容优先（C）/选项（O）]<选项>：”的提示下，指定圆心为箭头位置。

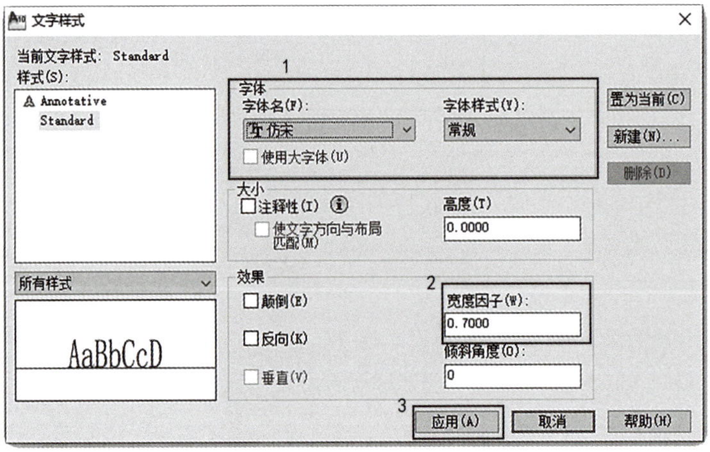

图7-26 文字样式设置

然后，在命令行中“指定引线基线的位置：<正交关>”的提示下，拉动并点击鼠标，指定引线基线的位置，然后按如图7-27所示进行设置。

（5）点击菜单栏“标注”→“半径（R）”按钮进行标注，在命令行中“选择圆弧或圆：选择第一个圆角；在命令行中“标注文字=30指定尺寸线位置或［多行文字（M）/文字（T）/角度（A）]：”的提示下，输入“T”后直接按空格键。在命令行中“输入标注文字<30>：”的提示下，输入“4-%%c30”后直接按空格键。在命令行中“指定尺寸线位置或［多行文字（M）/文字（T）/角度（A）]：”的提示下，在圆角旁边点击一下，确定位置即可。

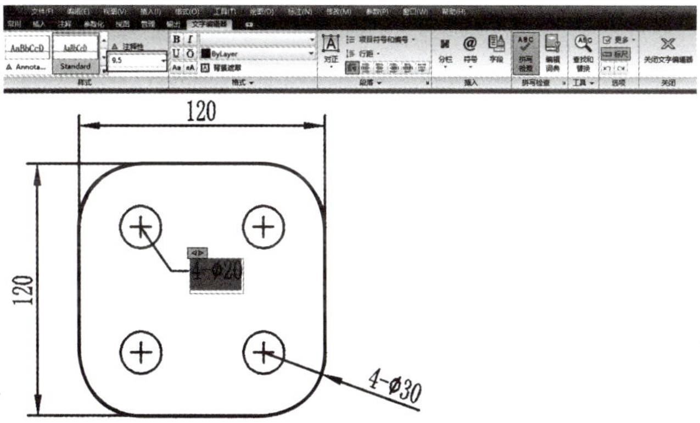

图7-27 文字编辑器

课后拓展

一、知识拓展

1. 介绍扶手椅立体图

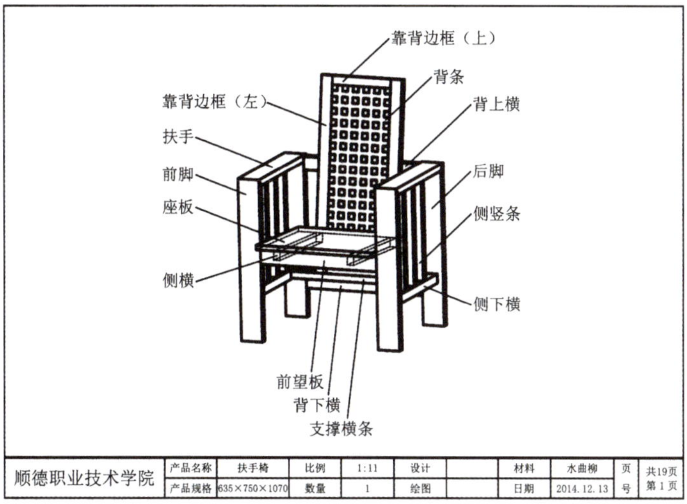

图7-28 扶手椅立体图

2. 点评床头柜三视图

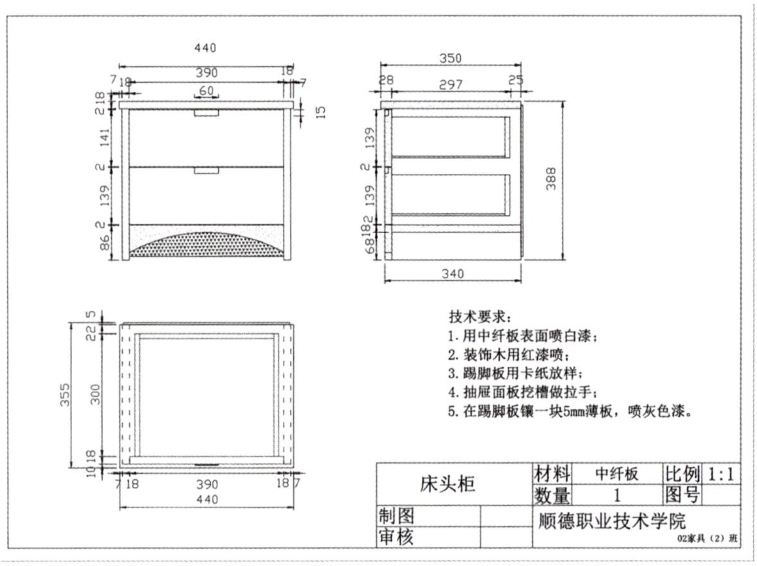

图7-29 床头柜三视图

二、图形编辑的系列问题

（1）选择对象的方法有哪些？

（2）如何快速选择对象？

（3）如何使用夹点编辑对象？

（4）如何阵列复制对象？

（5）如何给图形倒圆角？

学习情境八

绘图设置与图形输出

12 课时

学习目标

知识目标

1 掌握国家制图标准对图纸版面的要求。

2 掌握图纸中图线的大小要求。

3 掌握打印设备的基本知识。

能力目标

1 能准确进行图形输出设备安装。

2 能对图形输出设备进行设置操作。

3 能对计算机软件CAD图形布局、图纸大小、线型颜色及大小进行设置。

素质目标

1 语言表达能力。

2 团队协作能力。

3 严谨的科学作风。

课前学习 熟悉制图的布局

本章主要介绍AutoCAD布局、家具CAD图纸尺寸标注与打印出图等知识点，通过对知识点与CAD操作方法的熟练掌握，为项目化设计做理论铺垫。

一、了解模型和布局的差别

1. 作用不同

模型空间作用是放置设计模型，布局空间作用是对设计的模型进行图纸布局。

2. 效果不同

模型空间有画图的效果，布局空间有打印预览的效果。

二、懂得合理使用布局

在AutoCAD中，布局是一种增强图纸空间环境。布局模拟图纸页面，设定了视口，并确定了输出时的页面设置，从而提供直观的打印设置。在一个图形文件中，可以设定多个图纸空间布局，每个布局都有唯一的名称，布局可以复制、移动、重命名和删除，也可以保存在模板文件中，为新的图形文件使用。

在AutoCAD中，打印功能已显著增强，能更加便捷、稳定地打印出高质量的图纸。打印特性包括：随图形文件保存打印输出参数、可在屏幕上显示打印线宽、所见即所得的布局、利用打印样式表对硬盘复制输出实行更全面的控制、完全由打印设备决定图纸尺寸等，并有全新的向导引导配置打印设备、自定义图纸尺寸，还新增了“页面设置”选项，“页面设置”就是随布局一起保存的打印设置，有“打印设备”和“布局设置”两个选项，包括打印设备、打印样式表、打印区域、图纸旋转、打印偏移、图纸大小和缩放比例等功能。

课中学习　绘图设置与图形输出

一、标注

尺寸标注可以精确反映图形对象各部分的大小及其相互关系，是建筑设计、家具设计及机械图样中必不可少的内容。无论一幅图样绘制得多么精确，加工的依据还是标注尺寸。一个完整的尺寸标注是由尺寸线、延伸线（即尺寸界线）、尺寸起止符号（箭头、细斜线或者小圆点）及尺寸文字组成。在家具制图中，尺寸的起止符号及尺寸文字的大小都要符合国家标准，具体内容可以参考本书制图章节的尺寸标注部分内容。

（一）标注样式的建立与修改

标注样式用来控制尺寸标注的外观，使尺寸标注的外观符合技术制图规范或者使用者的要求。尺寸标注样式是在“标注样式管理器”中设置。用以下方法可调用“标注样式管理器”：

①选择菜单中的“标注”→“标注样式...”命令。

②选择工具栏中的“标注”→“标注样式...”按钮。

③在命令行中输入：“Dimstyle”或者快捷键“D”。

输入以上命令后，AutoCAD弹出如图8-1所示“标注样式管理器”对话框。在此对话框中，可以实现以下功能：创建新的尺寸标注样式；修改已定义的尺寸标注样式；将已定义的尺寸标注样式设置为当前样式；覆盖某一尺寸标注样式；比较两种尺寸标注样式之间的差别。

主要选项说明如下：

①当前标注样式：显示当前尺寸标注样式名。

②“样式”列表框：显示图形中已设置的标注样式，选中的样式以高亮显示，框中单击右键，弹出快捷菜单，可进行置为当前、重命名及删除操作。

③“列出”下拉菜单：控制列表框中显示哪些尺寸样式，包括“所有在使用的样式”。

④预览：显示在样式列表框中选择的尺寸标注样式的示例图。

⑤置为当前：将列表框中选定的标注样式置为当前尺寸标注样式，标注时使用这种样式。

⑥“新建（N）…”按钮：建立一个新的尺寸标注样式。单击该按钮，AutoCAD弹出如图8-2所示“创建新标注样式”对话框，该按钮的详细用法将在后面介绍。

⑦“修改（M）…”按钮：修改已定义的尺寸标注样式。单击该按钮，AutoCAD弹出如图8-3所示“修改标注样式”对话框，用以修改在“样式”列表框中选标注样式。此对话框的内容也将在

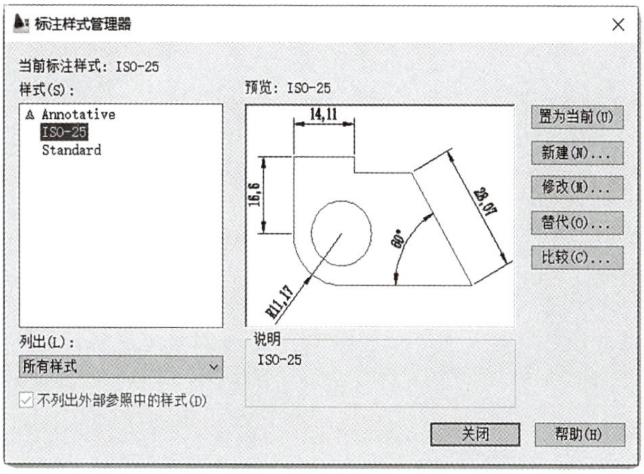

图8-1“标注样式管理器”对话框

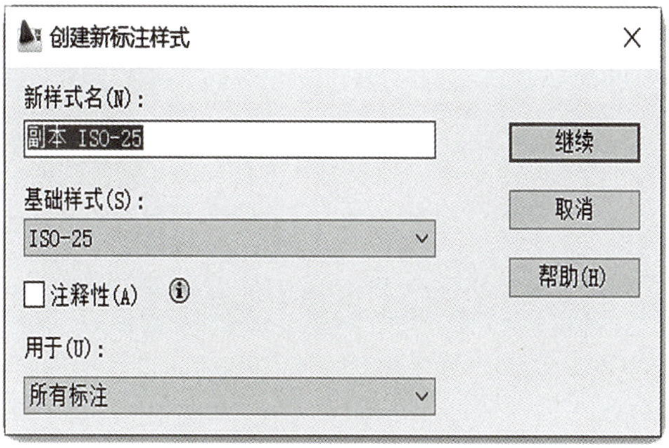

图8-2“创建新标注样式”对话框

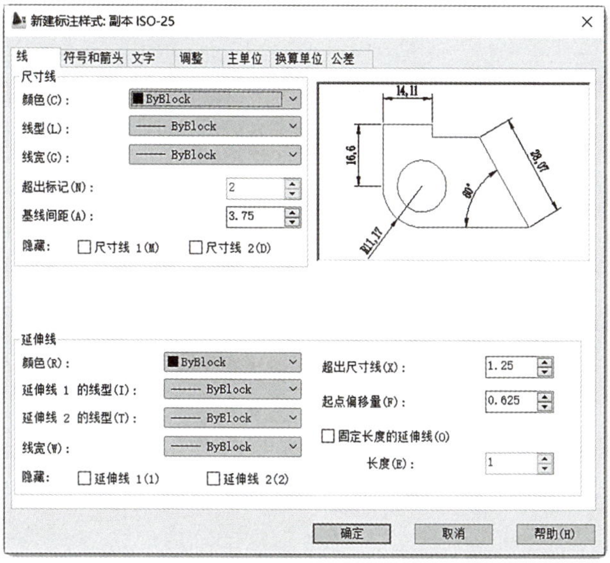

图8-3“修改标注样式”对话框

后面章节中详细介绍。

⑧“替代（O）...”按钮：用于设置临时尺寸标注样式代替当前尺寸标注样式，但并不会改变当前尺寸标注样式的设置。单击该按钮，AutoCAD弹出“替代当前样式”对话框，此对话框中各选项的含义与“修改标注样式”完全相同。

⑨“比较（C）...”按钮：用于比较两个尺寸标注样式在参数上的差异，或者可以浏览一个尺寸标注样式的参数设置。

创建新标注样式和修改新标注样式各项功能说明如下：

（1）创建新标注样式。在“标注样式管理器”对话框中单击“新建（N）…”按钮，打开如图8-2所示“创建新标注样式”对话框。

各选项说明如下：

①“新样式名”文本框：显示新的尺寸标注样式名（缺省名为基础样式名的副本），也可以修改为其他名称。

②“基础样式”下拉列表框：用于选择建立新样式时将参照的老样式命名。单击右侧的下拉按钮，出现当前样式列表，从中选取一个作为定义新样式的基础，新样式就获得了与老样式完全相同的起始参数，新的样式可以在老样式的基础上修改一些特性得到。

③“注释性”：指定标注样式为注释性。

④“用于”下拉列表：确定新样式应用的尺寸标注类型。

• “所有标注”：该尺寸标注样式用于所有的尺寸标注类型。

• “线性标注”：该尺寸标注样式用于长度型尺寸标注类型。

• “角度标注”：该尺寸标注样式用于角度型尺寸标注类型。

• “半径标注”：该尺寸标注样式用

于半径标注。

• “直径标注”：该尺寸标注样式用于直径标注。

• “坐标标注”：该尺寸标注样式用于坐标型尺寸标注类型。

• “引线和公差”：该尺寸标注样式用于引线及公差类型。

（2）修改新标注样式。创建新标注样式后，按“继续”按钮，弹出如图8-4所示“新建标注样式”对话框。在该对话框中，用户可以对标注样式的各种参数进行详细设置。

在“新建标注样式”对话框中有7个选项，各选项说明如下：

①“线”选项卡：用来设置尺寸线、延伸线（即尺寸界线）。

“尺寸线”区域用于设置尺寸线，各选项说明如下：

• “颜色”下拉列表：设置尺寸线的颜色。建议用默认的“ByBlock”。

• “线型”下拉列表：设置尺寸线的线型。建议用默认的“ByBlock”。

• “线宽”下拉列表：设置尺寸线的线宽。建议用默认的“ByBlock”。

• “超出标记”框：设置当使用细斜线或者小圆点作为延伸线（即尺寸界线）时，尺寸线超出尺寸界线的距离，如图8-5所示，建议设置为0或2。

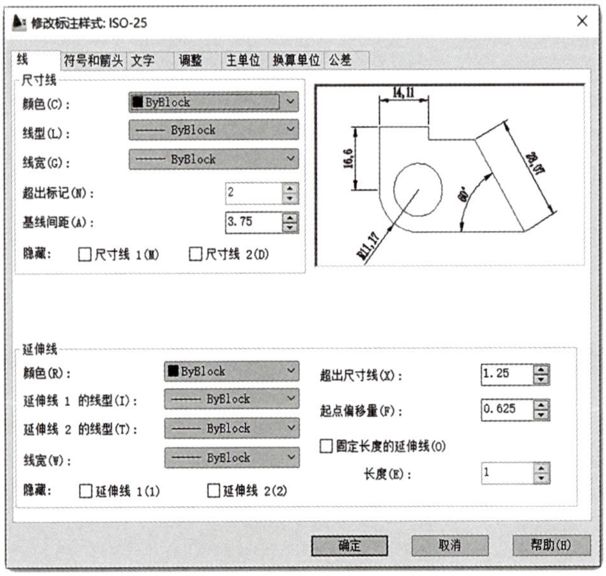

图8-4“新建标注样式”对话框

• “基线间距”框：当使用基线标注时，相邻两平行尺寸线之间的距离，如图8-5所示，建议设置为6或7。

• “隐藏”：设置是否显示的第一条尺寸线与第二条尺寸线，如图8-5所示。

“延伸线”的区域用于设置延伸线（即尺寸界线），各选项说明如下：

• “颜色”下拉列表：设置延伸线（即尺寸界线）的颜色。建议用默认的“ByBlock”。

• “延伸线1的线型”下拉列表：设置第一条延伸线的线型。建议用默认的“ByBlock”。

• “延伸线2的线型”下拉列表：设置第二条延伸线的线型。建议用默认的“ByBlock”。

• “线宽”下拉列表：设置延伸线（即尺寸界线）的线宽。建议用默认的“ByBlock”。

• “隐藏”：设置是否显示第一条延伸线与第二条延伸线，如图8-6所示。

• “超出尺寸线”框：设置延伸线（即尺寸界线）超出尺寸线距离，如图8-6所示，建议设置为2。

• “起点偏移量”框：设置延伸线（即尺寸界线）的实际起始点和用户指定延伸线（即尺寸界线）起点之间的偏移量，建议设置为1，如图8-6所示。

• “固定长度的延伸线”选项：设置是否采用固定长度的延伸线（即尺寸界线），如图8-6所示。

• “长度”框：勾选“固定长度的延伸线”选项，则此选项为可输入在可输入的情况下此选项设置延伸线（即尺寸界线）的总长度，总长度起始于尺寸线止于标注原点方向。

②“符号和箭头”选项卡：用来设置箭头、圆心标记、折断标注、弧长符号、

半径折弯标注和线性折弯标注的格式和位置，如图8-7所示。

“箭头”区域用于设置箭头的种类及大小，各选项说明如下：

• “第一个”下拉列表：设置第一条尺寸线的箭头。用户可以使用AutoCAD提供的样式，也可以使用自定义的箭头。家具制图国家标准规定要选用箭头、小圆点或倾斜线三种中的一种。

• “第二个”下拉列表：设置第二条尺寸线的箭头。用户可以使用AutoCAD提供样式，也可以使用自定义的箭头。家具制图国家标准规定要选用箭头、小圆点或倾斜线三种中的一种。

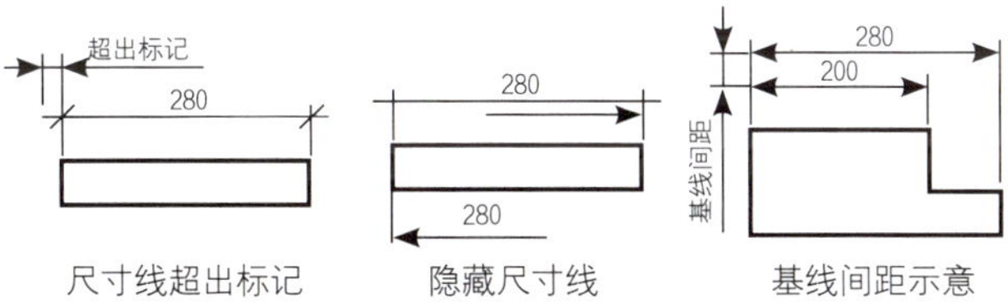

图8-5 尺寸线设置示意

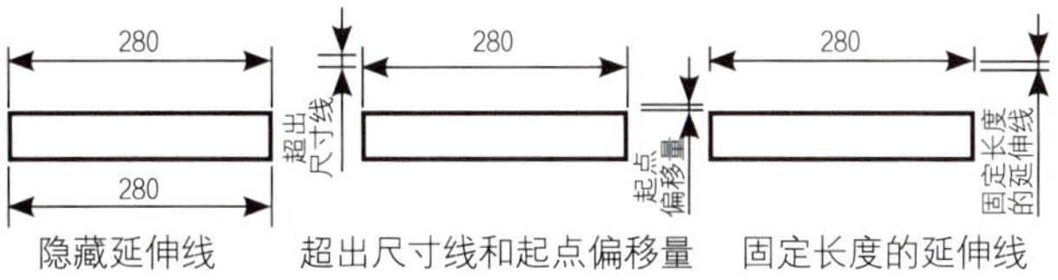

图8-6 延伸线（即尺寸界线）设置示意

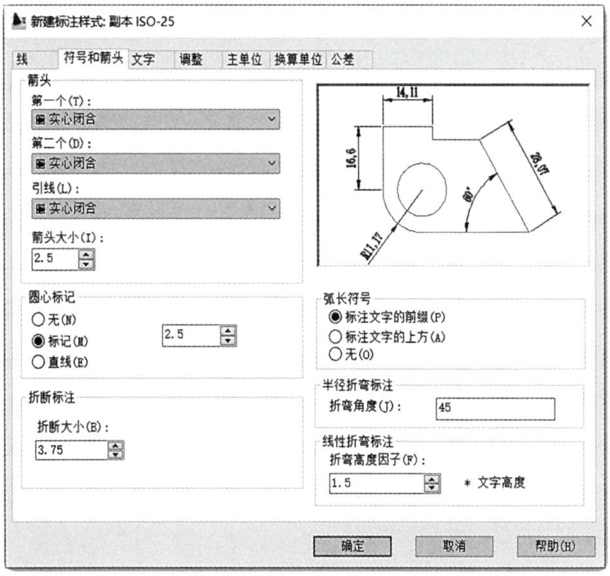

图8-7 “符号和箭头”选项卡

• “引线”下拉列表：设置引线标注时的引线端部的箭头样式。

• “箭头大小”框：显示和设置箭头的大小，建议设置为2～3，也可以保留AutoCAD软件默认值“2.5”。

“圆心标记”区域用于创建圆的中心标记，各选项说明如下：

• “无”选项：不要创建中心标记。

• “标记”选项：创建中心标记。

• “直线”选项：创建中心线。

• “显示和设置圆心标记或中心公线的大小”输入框：显示和设置圆心标记或中心线的尺寸的大小。

“折断标注”区域控制折断标注的间距宽度，各选项说明如下：

• “折断大小”输入框：显示和设置用于折断标注的间距大小。

“弧长符号”区域控制弧长标注中圆弧行号的显示，各选项说明如下：

• “标注文字的前缀”项：将弧长符号放置在标注文字之前。

• “标注文字的上方”选项：将弧长符号放置在标注文字的上方。

• “无”选项：不显示弧长符号。

“半径折弯标注”区域控制折弯（Z字型）半径标注的显示。折弯半径标注通常在圆或圆弧的圆心位于页面外部时创建。

• “折弯角度”选项：确定折弯半径标注中，尺寸线的横向线段的角度，如图8-8所示。

“线性折弯标注”区域控制线性标注折弯的显示。当标注不能精确表示实际下时，通常将折弯线添加到线性标注中。

• “折弯高度因子×字高度”：两者相乘的积就是折弯高度（通过形成折弯的两个顶点之间的距离确定折弯高度），如图8-8所示。

③“文字”选项卡：用来设置尺寸文字的外观、位置和对齐方向，其选项卡如图8-9所示。

“文字外观”区域控制标注文字的格式和大小，各选项说明如下：

• “文字样式”下拉列表：显示和设置当前标注义字样式。从列表中选择一种样式，要创建和修改标注文字样式，选择列表旁边的“…”按钮，具体设置可以参考文字标注章节内容。

• “文字样式”按钮：显示“文字样式”对话框，从中可以定义或修改文字样式。

• “文字颜色”下拉列表：设置标注文字的颜色，建议用默认的“ByBlock”。

• “填充颜色”下拉列表：设置标注中文背景的颜色。

• “文字高度”框：设置当前标注文字样式的高度。在文本框中输入值，如果在“文字样式”中将文字高度设置为

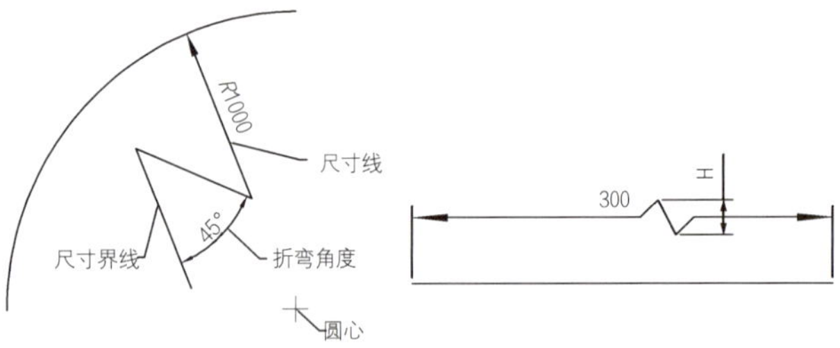

图8-8 尺寸标注的折弯角度和折弯高度

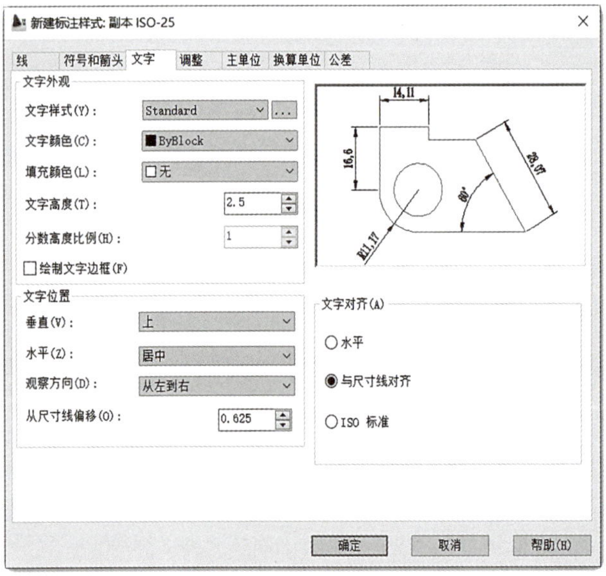

图8-9“文字”选项卡

固定值（即文字样式高度大于0），则该高度将替代此处设置的文字高度。如果要使用在“文字”选项卡上设置的高度，请确保“文字样式”中的文字高度设置为0。

• “分数高度比例”框：设置相对于标注文字的分数比例。仅当在“主单位”选项卡，选择“分数”作为“单位格式”时此选项才可用。在此处输入的值乘以字高度，可确定标注分数相对于标注文字的高度。

• “绘制文字边框”复选框：如果选择此选项，将在标注文字周围绘制一个边框，一般建议不选。

“文字位置”区域控制标注文字的位置，各选项说明如下：

• “垂直”下拉列表：控制标注文字相对尺寸线的垂直位置。垂直位置选项包括：“居中”，将标注文字放在尺寸线的两部分中间；“上方”，将标注文字放在尺寸线上方，从尺寸线到文字的最低基线的距离就是当前的字线间距，参见下面的“从尺寸线偏移”选项；“外部”，将标注文字放在尺寸线上远离第一个定义点的一边。各种设置效果如图8-10所示。

• “水平”下拉列表：控制标注文字在尺寸线上相对于延伸线（即尺寸界线）的水平位置。水平位置选项包括：“居中”，将标注文字沿尺寸线放在两条延伸线的中间，建议选择此项；“第一条延伸线”，沿尺寸线与第一条延伸线左对齐，延伸线与标注文字的间距是箭头大小加上字线间距之和的两倍，请参见前面的“符号和箭头”中的“符号和箭头”和下面的“从尺寸线偏移”选项；“第二条延伸线”，沿尺寸线与第二条延伸线与标注文字的距离是箭头大小加上字线间距之和的两倍，请参见前面的“符号和箭头”

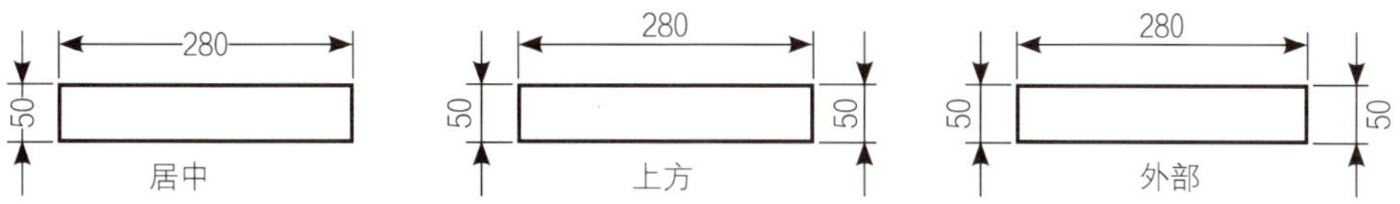

图8-10 标注文字相对尺寸线的垂直位置

图8-11 标注文字在尺寸线上相对于延伸线的位置

中的“箭头大小”和下面的“从尺寸线偏移”选项；“第一条延伸线上方”，沿第一条延伸线放置标注文字或将标注文字放在第一条延伸线之上，一般不选择此项。“第二条延伸线上方”，沿第二条延伸线放置标注文字或将标注文字放在第二条延伸线之上，一般不选择此项。各种设置效果如图8-11所示。

• “从尺寸线偏移”微调框：用于设置标注文字与尺寸线之间的距离。

“文字对齐”区域控制标注文字放在延伸线外或内时的方向是保持水平还是与延伸线平行，各选项说明如下：

• “水平”单选按钮：设置标注文字为水平从尺寸线偏移放置。

• “与尺寸线对齐”单选按钮：设置标注文字方向与尺寸线对齐。

• “ISO标准”单选按钮：设置标注文字按照ISO标准放置。当标注文字在延伸线内时，文字与尺寸线对齐，而文字在延伸线外时，文字水平排列。

④“调整”选项卡：用来控制标注文字、箭头、引线和尺寸线的放置，如图8-12所示。

“调整选项”区域定义当延伸线之间没有足够的空间来放置标注文字和箭头时，标注文字和箭头的布置方式，各选项说明如下：

• “文字或箭头（最佳效果）”单选按钮：单击此单选按钮，由系统按最佳效果自动移动标注字和箭头到延伸线外。当延伸线间的距离足够放置文字和箭头时，文字和箭头都放在延伸线内；当延伸线间的距离仅够容纳文字时，将文字放在延伸线内，而箭头放在延伸线外；当延伸线间的距离仅够容纳箭头时，将箭头放在延伸线内，而文字放在延伸线外；当延伸线间的距离既不够放置文字又不够放置箭头时，文字和箭头都放在延伸线外，在家具制图中，建议选择此项。

• “箭头”单选按钮：单击此单选按钮，则先将箭头移动到延伸线外，然后移动文字。具体处理如下：当延伸线间距离足够放置文字和箭头时，文字和箭头都放延伸线内；当延伸线间距离仅够放下箭头时，将箭头放在延伸线内，而文字放在延伸线外；当延伸线间距离不足以放下箭头时，文字和箭头都放在延伸线外。

• “文字”单选按钮：单击此单选按钮，则先将文字移动到延伸线外，然后移动箭头。具体处理如下：当延伸线间距离足够放置文字和箭头时，文字和箭头都放延伸线内；当延伸线间距离仅够放下文字时，将文字放在延伸线内，而箭头放在延伸线外；当延伸线间距离不足以放下文字时，文字和箭头都放在延伸线外。

• “文字和箭头”单选按钮：单击此单选按钮，则将文字和箭头都移动到延伸线外。

• “文字始终保持在延伸线之间”单选按钮：单击此单选按钮，始终将文字置于延伸线之间。

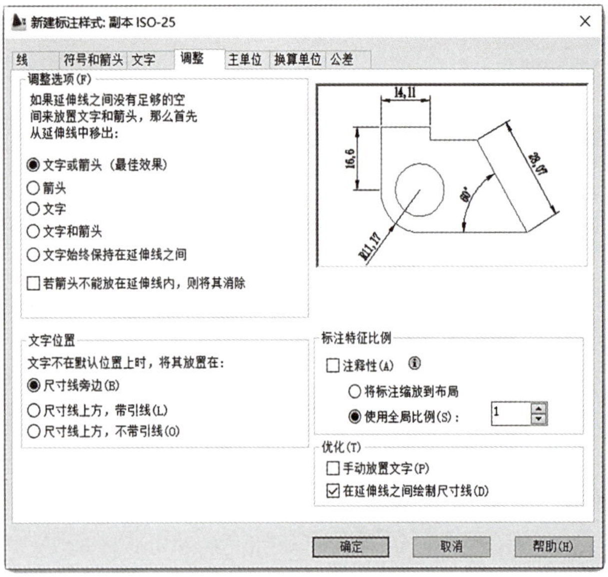

图8-12 “调整”选项卡

• “若箭头不能放在延伸线内，则将其消除延伸线”复选框：勾选此复选框，如果延伸线之间的空间不足以容纳箭头，则不显示标注箭头。

“文字位置”区域设置标注文字从默认位置到指定位置（由标注样式定义的位置标注文字的位置）。

“标注特征比例”区域设置全局标注比例值或图纸空间比例。勾选“注释性”复选框，则将标注特征比例设置为注释性的，各选项说明如下：

• “将标注缩放到布局”单选按钮：单击此单选按钮，则根据当前模型空间视口和图纸空间之间的比例确定比例因子，即将根据图纸空间的视口比例设置标注比例。当在图纸空间而不是模型空间视口中绘图时，或当TILEMODE设置为1时，将使默认比例因子设置为1.0。

• “使用全局比例”单选按钮：单击此单选按钮，则为所有标注样式设置一个比例，此设置指定了大小、距离或间距，包括文字和箭头大小。该缩放比例并不需要改标注的测量值，但影响尺寸标注所有组成元素的大小。用户可在微调框里输入缩放因子。例如，图形打印比例为1：10，则全局比例因子可设为10，若标注文字高度按系统默认的2.5，则绘图区内标注文字显示的高度为25，即将尺寸标注放大10倍。

“优化”区域提供用于放置标注文字的其他选项，各选项说明如下：

• “手动放置文字”复选框：勾选此复选框，则忽略所有水平对正垂直，并将文字放置在“尺寸线位置”提示中的指定位置。

• “在延伸线之间绘制尺寸线”复选框：勾选此复选框，则标注对象时始终在延伸线之间绘制尺寸线。

⑤“主单位”选项卡：设置尺寸标注单位的格式和精度，并标注文字的前缀和后缀，如图8-13所示。

“线性标注”区域设置线性标注的单位、格式和精度，各选项说明如下：

• “单位格式”下拉列表：设置除角度之外的所有标注类型的当前单位格式，在家具制图中建议保持缺省，即“小数”。

• “精度”下拉列表：显示和设置标注文字中的小数位数。家具制图中建议设置精度为0.0。

• “分数格式”下拉列表：家具制图中建议不用修改，保持缺省。

• “小数分隔符”下拉列表：家具制图中建议不用修改，保持缺省。

• “舍入”微调框：家具制图中建议不用修改，保持缺省。

• “前级”输入框：家具制图中建议不用修改，保持缺省。

• “后级”输入框：家具制图中建议不用修改，保持缺省。

• “比例因子”微调框：设置线性标注测量值的比例因子，AutoCAD将标注测量值与此处输入的值相乘。例如，如果输入3，则1mm直线的尺寸将显示为3mm，该值不应用到角度标注，也不应用到舍入值或者正负公差值。

• “仅应用到布局标注”复选框：选中该复选框，仅将测量单位比例因子应用于布局视口中创建的标注。

• “消零”区域：控制不输出前导零

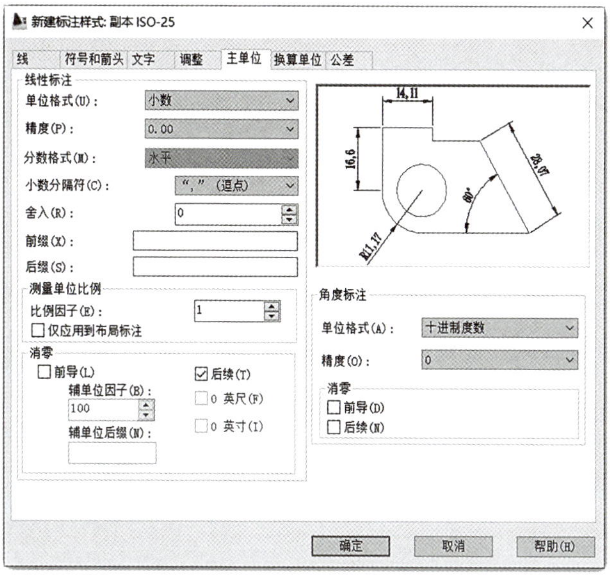

图8-13“主单位”选项卡

和后续零以及零英尺和零英寸部分。例如0.300变为.300；0.400变为0.4；0′-61/2″变为6′1/2″；1′-0″变为1′。

“角度标注”区域设置角度的单位、格式和精度，各选项说明如下：

• “单位格式”下拉列表：设置角度单位格式。家具制图中建议不用修改，保持缺省，即“十进制度数”。

• “精度”下拉列表：设置角度标注的小数位数。家具制图中建议不用修改，保持缺省，即“0”。

• “消零”区域：控制是否禁止输出前导零和后续零。前导：不输出角度十进制标注中的前导零，例如，0.5000变成.500；后续：不输出角度十进制标注中的后续零。例如，12.000变成12.5，30.0000变成30。

⑥“换算单位”选项卡：设置不同单位尺寸间的换算格式及精度。由于在家具制图中，基本不用换算单位，所以在此不再赘述。

⑦“公差”选项卡：控制标注文字中公差的格式及显示。由于在家具制图中基本不用公差，所以在此不再赘述。

（二）线性标注

利用“线性标注”可以创建水平、垂直或者旋转的尺寸标注，它需要指定两点来确定延伸线，也可以直接选取需要标注的尺寸对象，一旦所选对象确定，系统则自动标注，如图8-14所示。

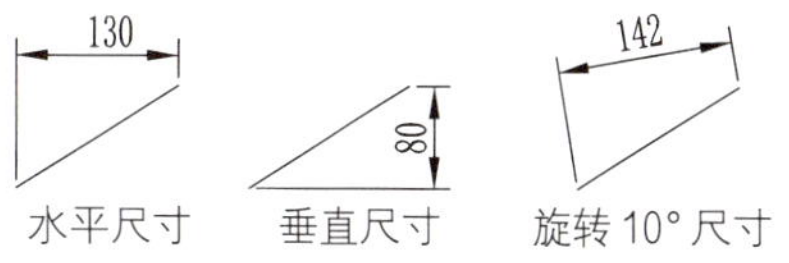

图8-14 线性标注

在标注尺寸时，可采用三种方法执行相应的命令：一种是在命令行输入相关命令并按下回车键；一种是从标注菜单中选择命令；还有一种是从标注工具栏中选择命令。

执行命令后，命令行提示：

指定第一条延伸线原点或<选择对象>：（指定第一条延伸线的起点，如直接回车，表示将选取一条直线并标注该直线的长度）

指定第二条延伸线原点：（指定第二条延伸线的起点）

指定尺寸线位置或［多行文字（M）/文字（T）/角度（A）/水平（H）/垂直（V）/旋转（R）]：（指定一点确定尺寸线的位置或选择某一选项）

标注文字=30（标注出指定的两点间的距离）

各选项说明如下：

①多行文字（M）：表示将通过对话框输入尺寸文字。AutoCAD打开多行文字输入框，可在其中修改标注文字。对话框中的文字即表示标注文字，可编辑或替换标注文字，输入新文字，单击“确定”按钮完成修改，之后通过点击鼠标在屏幕上指定尺寸线位置。

②文字（T）：直接在命令行中修改标注文字。选择该选项后，系统提示：“输入标注文字<30>”，其中默认值（即尖括号中的值）是系统自动测量得到的被标注线段的长度，直接按下回车键即可采用此长度值，用户也可以输入其他的

值代替默认值。

③角度（A）：指定标注文字在尺寸线上的角度。家具制图中很少用到。

④水平（H）：用于创建水平方向上的尺寸标注。

⑤垂直（V）：用于创建垂直方向上的尺寸标注。

⑥旋转（R）：用于创建有一定倾斜角度的尺寸标注，使尺寸线与坐标轴正方向形成一定的倾斜角度。家具制图中基本不用。

（三）直线快速标注

当用户需要创建系列基线、连续标注或者为一系列圆或圆弧创建标注时，此命令特别有用，如图8-15所示。启动此功能有下列的方法：

①功能区："注释"→标签→"标注"面板→快速标注。

②菜单："标注（N）"→"快速标注（Q）"选项。

③工具栏："标注"按钮。

④命令行：输入qdim。

执行命令后，命令行提示：

选择要标注的几何体：选择要标注的对象或要编辑的标注并按Enter键

指定尺寸线位置或[连续（C）/并列（S）/基线（B）/坐标（O）/半径（R）/直径（D）/基准点（P）/编辑（E）/设置（T）]<当前>：输入选项或按ENTER键

1. 连续标注（C）

连续标注是在已有的标注基础上，连续创建的线性标注。需要注意的是：在命令执行后，其中的"选择"选项是指选择已有的某一延伸线作为当前标注的第一条延伸线，如图8-15所示。

2. 基线标注（B）

基线标注是指有一条公有延伸线的一系列标注，如图8-15所示。需要注意的是：在命令执行后，其中的"选择"选项是指选择已有的某一延伸线作为当前标注的第一条延伸线。

3. 并列标注（S）

并列标注是指对称标注的样式，如图8-15所示。需要注意的是：在命令执行后，它只对偶数尺寸界线起作用，在图中只有4根尺寸线，所以快速标注出来。如果是5根尺寸界线，那么它就放弃最后一根尺寸界线，只标注前4根。

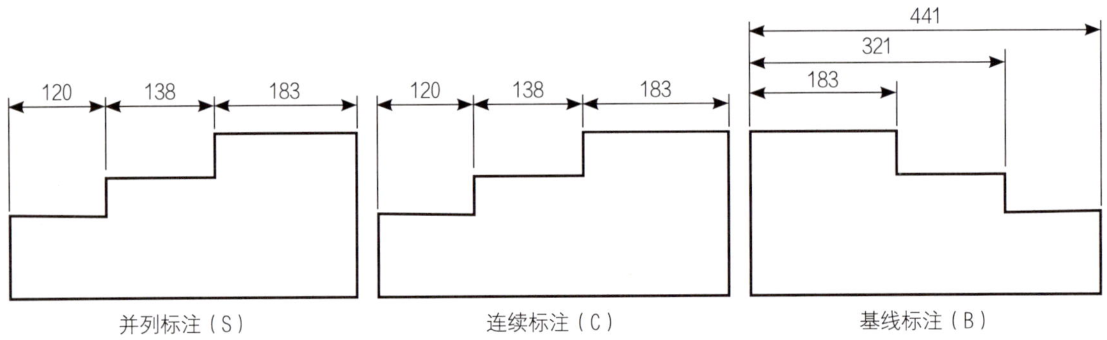

图8-15 直线快速标注

（四）编辑标注

尺寸与原图形有关联性，可以在对图形进行拉伸、夹点编辑等操作后，自动更新尺寸。当然，也可以通过尺寸标注编辑命令单独修改尺寸标注的各种组成部分。

编辑标注用于改变标注对象的文字及延伸线等。通过Dimedit命令，用户可以修改单个或多个尺寸标注对象上的文字内容、方向、位置及倾斜延伸线。调用“编辑标注”方式如下：

①执行工具栏“标注”→“编辑标注”。

②或者命令行输入：Dimedit并回车。

执行命令后，命令行提示：

输入标注编辑类型［默认（H）/新建（N）/旋转（R）/倾斜（O）］<默认>：选择对象：找到1个

选择对象：

各选项说明如下：

①默认（H）：将尺寸文字移动到默认位置（即按其尺寸标注样式中所定义的位置、方向重新放置）。

②新建（N）：打开多行文字编辑器，修改所选择的尺寸标注的尺寸文字。

③旋转（R）：根据AutoCAD提示，输入旋转角度，以改变尺寸文本的方向。

④倾斜（O）：修改延伸线的倾斜角度。

调整标注位置及修改尺寸标注的具体方法如下：

（1）利用“Dimtedit”（编辑标注文字）修改标注位置。

执行工具栏“标注”→“编辑标注文字”命令，AutoCAD提示：

选择标注：（选择要修改的尺寸标注）

为标注文字指定新位置或［左对齐（L）/右对齐（R）/居中（C）/默认（H）/角度（A）］：（指定一点确定尺寸文本的新位置）

各选项说明如下：

①“左对齐（L）、右对齐（R）、居中（C）”等选项：将尺寸文本放置在尺寸线的左、右、中间位置。

②“默认（H）”选项：将尺寸文字移动到默认位置（即按其尺寸标注样式中所定义的位置、方向重新放置）。

③“角度（A）”选项：将尺寸文本旋转一个角度。

（2）利用夹点功能修改标注位置。以夹点方式调整标注位置是一种非常值得推荐的方法。选中要调整位置的尺寸标注，当尺寸标注上出现夹点，然后通过鼠标指针单击相应的夹点进行移动，即可调整标注位置。

（3）通过双击修改尺寸标注。双尺寸标注，弹出“特性”对话框。通过此对话框，可以对选定的尺寸标注，如标注样式、箭头、延伸线、文字、单位等。

（五）标注命令集合

（1）对齐标注。对齐标注是指尺寸线与两个延伸线起点的连线相平行的尺寸，创建与指定位置或对象平行的标注，如图8-16所示。

（2）弧长标注。弧长标注用于测量圆弧或多段线弧线段上的距离，如图8-16所示。家具制图中很少用到。

执行命令后，AutoCAD提示：

选择弧线段或多段线弧线段：（选择要标注的弧线或者多段线中的弧线部分）

指定弧长标注位置或［多行文字（M）/文字（T）/角度（A）/部分（P）/引线（L）］：（指定一点作为标注尺寸线的位置）

标注文字=56.3（显示出标注结果）

各选项说明如下：

①“多行文字（M）”“文字（T）”“角度（A）”的含义与线性标注中各选项含义相同，在此不再重复。

②“部分（P）”选项：用于标注弧上指定两点间的弧线长。

③“引线（L）”选项：用于添加引线对象。仅当圆弧（或弧线段）大于90时才会显示此选项。引线是按径向绘制的，指向所标注圆弧的圆心。

（3）坐标标注。坐标标注用于标明位置点相对于当前坐标系原点的坐标值，它是由x坐标或y坐标和引线组成。坐标标注一般在机械绘图中应用较多，家具制图中基本不用。

（4）半径标注。半径标注就是标注圆或圆弧的半径尺寸，并显示前面带有字母R的标注文字。家具制图中规定半圆或小于半圆的圆弧用半径标注，如图8-16所示。执行命令后，AutoCAD提示：

选择圆弧或圆：（选择要标注的圆弧或圆）

标注文字=10（显示桥注文字的系统测量值）

指定尺寸线位置或［多行文字（M）/文字（T）/角度（A）］：（指定一点作为标注尺寸线的位置）

（5）直径标注。直径标注就是标注圆或圆弧的直径尺寸，并显示前面带有直径符号的标注文字，家具制图中规定圆和大于半圆的圆弧均标注直径，如图8-16所示。执行命令后，AutoCAD提示：

选择圆弧或圆：（选择要标注的圆弧或圆）

标注文字=20（显示标注文字的系统测量值）

指定尺寸线位置或［多行文字（M）/文字（T）/角度（A）］：（指定一点作为标注尺寸线的位置）

（6）角度标注。角度标注用于标注两条不平行直线之间的角度、圆和圆弧的角度或三点之间的角度，如图8-16所示。执行命令后，AutoCAD提示：

择圆弧、圆、直线或<指定顶点>：（选择要标注的圆弧、圆、直线，或按回车键通过指定三个点来创建角度标注）

指定标注弧线位置或［多行文字（M）/文字（T）/角度（A）/象限点（Q）］：

各选项说明如下：

①选择圆弧：AutoCAD标注该圆弧的圆心角。

②选择圆：当用户用点取的方法选择圆时，系统将该点取点作为要标注角度的圆弧（在圆上）的起始点，同时系统提示：“指定角的第二个端点”，按提示指定圆上的第二点，即可标注出此段圆弧的圆心角。

③选择直线：用户必须选取两条直线，之后再确定标注的位置，系统将自动标注这两条直线之间的夹角。

④指定顶点：直接按回车键，即先确定角的顶点，然后分别指定角的两个端点，最后再确定标注弧线的位置，结果标注出由这三点构成的角度。

（7）圆心标记。执行命令后，AutoCAD提示：

选择圆弧或圆：（选择要标注的圆弧或圆）

执行结果：圆弧或圆标记出标注样式中设置的圆心标记形式，如图8-16所示。

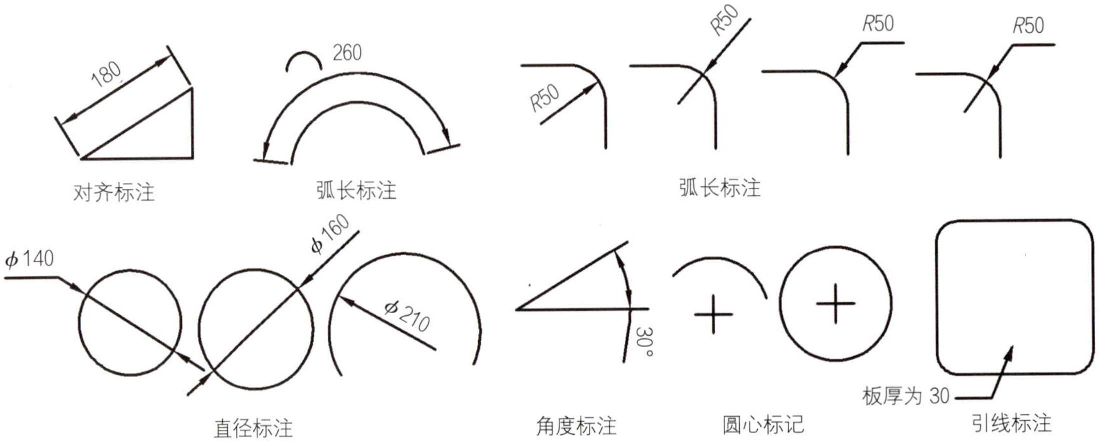

图8-16 标注命令集合

（8）引线标注。引线标注可以实现在标注中的许多特殊需要，该引线引出的对象是用户自定义的内容，而不是具体的尺寸等信息，这样做可以使图形表达更清晰。在命令行输入：QLEADER（或快捷键LE）后，AutoCAD提示：

指定第一个引线点或［设置（S）］<设置>：（指定第一个引线点，若要设置，可直接回车）

指定下一点：（指定引线标注起点）

指定下一点：（指定转折点）

指定文字宽度<0>：（指定引线注释的宽度）

输入注释文字的第一行<多行文字（M）>：（输入注释文本）

执行结果：标注出指定样式的引线标注，如图8-16所示。

（六）标注文字

文字样式用来控制文字标注的外观，使标注文字的外观符合技术制图规范或者使用者的要求。文字样式是在“文字样式管理器”中设置，可用以下方法：

①选择菜单中的“格式”→“文字样式...”命令。

②选择工具栏中的“文字”→“文字样式...”按钮。

③在命令行中输入：“Style”或者快捷键“ST”。

输入以上命令后，AutoCAD弹出如图8-17所示“文字样式”对话框。

在此对话框中，可以新建一种文字样式或修改原有的文字样式。依据家具制图的要求，可以在“字体”区域中选择“仿宋”字体，在“效果”区域中修改“宽度因子”的参数为0.7，其他的参数或选项可以保留默认的。

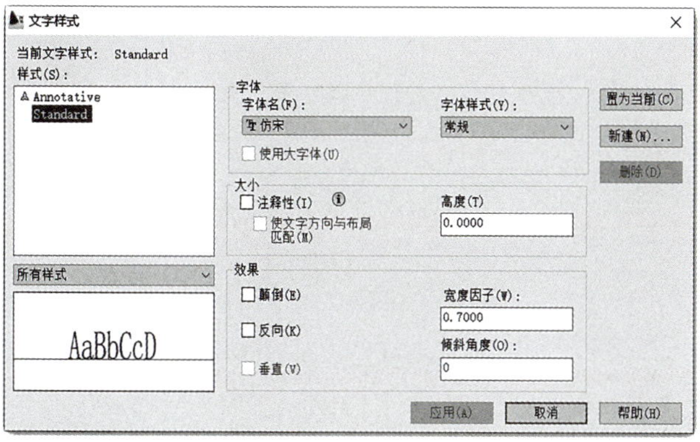

图8-17“文字样式”对话框

（七）图框和标题栏

在家具图纸出图打印的要求中，图框和标题栏是必不可少的内容。但它们不是AutoCAD自带的基本功能或命令，而是用户根据家具制图标准的要求与用户需求，利用直线绘图工具、文字工具、块工具、缩放工具等来制作出的。以上内容在本书也有详细讲解，在此不再赘述。

二、图层

图层是AutoCAD提供的一个管理图形对象的工具，用户可以利用图层管理器对图形几何对象、文字、标注等进行归类处理，即把具有相同特性的图形实体绘制在同一个图层中，各个图层组合起来，形成一个完整的图形。使用图层来管理它们，不仅能使图形的各种信息清晰、有序，便于观察，而且也给图形的编辑、修改和输出带来很大的方便。

图层具有以下一些特性：

（1）在一幅图中可以规定任意数量的图层，每一层上可以有任意数量的实体。

（2）每一层都具有自己的层名，0层为AutoCAD的默认图层。

（3）所有图层中只能有一个图层为当前层，且所有的操作都是在当前层上进行的。

（4）每一层都具有打开与关闭、冻结与解冻、锁定与解锁以及是否打印等属性。

（5）每一层上的实体通常只有一种线型、颜色和线宽。当然，用户可以改变每一图层上的线型、颜色、线宽及状态。

（一）图层设置

AutoCAD提供了图层特性管理器，利用该工具用户可以很方便地创建图层以及设置其基本属性。选择“格式”→“图层”命令，即可打开“图层特性管理器”对话框，如图8-18所示。

主要选项说明如下：

①“新建图层”按钮：开始绘制新图形时，AutoCAD将自动创建一个名为0的特殊图层。默认情况下，图层0将被指定使用7号颜色（白色或黑色，由背景色决定，本书中将背景色设置为白色，因此，图层颜色就是黑色）、Continuous线型、“默认”线宽及Normal打印样式，用户不能删除或重命名该图层0。在绘图过程中，如果用户要使用更多的图层来组织图形，就需要先创建新图层。在“图层特性管理器”对话框中单击“新建图层”按钮，可以创建一个名称为“图层1”的新图层。默认情况下，新建图层与当前图层的状态、颜色、线型、线宽等设置相同。当创建了图层后，图层的名称将显示在图层列表框中，如果要更改图层名称，可单击该图层名，然后输入一个新的图层名，并按Enter键即可。

②“在所有视口中都被冻结的新图层视口”按钮：创建新图层，然后在所有现有布局视口中将其冻结。

③“删除图层”按钮：删除选定图层。0层、当前层、包含对象的图层以及依赖外部参照的图层不能被删除。

④“置为当前”按钮：将选定图层设置为当前图层。以后创建的对象都是在当前图层上。

⑤图层的特性设置

• 开/关：控制图层的开/关状态。当图层处于打开状态时，该图层上的对象可见；相反则不可见。在打印输出时，被关闭图层上的图形也不被打印。关闭与打开图层只需单击该层的电灯泡即可，灯亮表示打开，灯灭表示关闭。注意：在用“Regen”或“Re”命令重新生成图形时，关闭图层上的图形参与了运算。

• 冻结/解冻：控制图层的冻结/解冻状态。图层冻结期间，被冻结图层上的图形既不可见，也不能输出，而且不参与“Regen”命令后图形重新生成时的运算，这样就可以提高图形重新生成时的显示速度。冻结/解冻图层只需单击该层的太阳，太阳变为雪花时，表示该层被冻结。

• 锁定/解锁：控制图层的锁定/解锁状态。图层被锁定后，用户可以看到该图层上的图形，但不能对它进行编辑和绘制。锁定/解锁图层只需单击该层的锁，当锁处于锁定状态时表示该层被锁定。

• 颜色：控制图层的颜色。单击图层的颜色框，则弹出“选择颜色”对话框，在其中选择一种颜色作为图层的颜色。

• 线型：控制图层所用的线型。单击图层的线型，则弹出“选择线型”对话框，在其中选择一种线型作为图层的线型。注意：默认情况下，在“选择线型”对话框的“已加载的线型”列表框中只有Continuous一种线型，如果要使用其他线型，必须将其添加到“已加载的线型”列表框中。可单击“加载”按钮，打开“加载或重载线型”对话框，从当前可用线型库中选择需要加载的线型，然后单击“确定”按钮。

• 线宽：控制图层的线宽。单击图层的线宽，则弹出“线宽”对话框，在其中选择一种线宽作为图层的线宽。

• 打印：单击选定图层的打印机，图

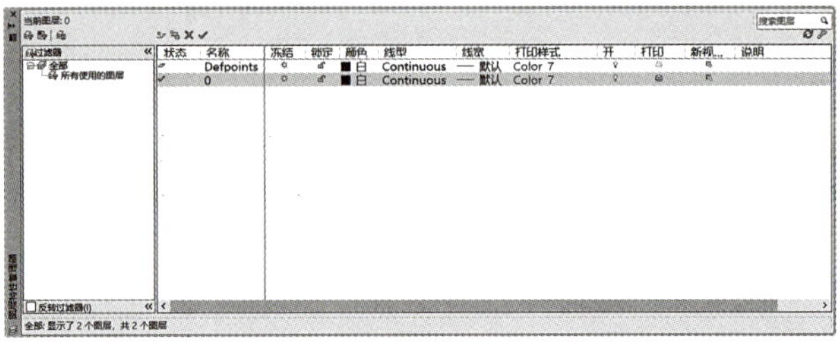

图8-18 “图层特性管理器”对话框

标上出现禁止符号，表示该图层不可打印，否则为可打印。

（二）图层保存

在实际绘图中，如果绘制完某一图形元素后，发现该元素并没有绘制在预先设置的图层上，可选中该图形元素，并在“对象特性”工具栏的图层控制下拉列表框中选择预设层名，然后按下Esc键来改变对象所在图层。

在AutoCAD中新增了图层管理工具，用户利用该功能可以更加方便地管理图层。选择“格式”→“图层工具”命令中的子命令，就可以通过图层工具来管理图层，如图8-19所示。

各选项说明如下：

①“将对象的图层置为当前”按钮：将选定对象的图层置为当前图层。

②“上一个图层”按钮：单击该按钮，恢复上一个图层设置。

③“图层漫游”按钮：显示选定图层上的对象，并隐藏所有其他图层上的对象。

④“图层匹配”按钮：将选定对象的图层更改为与目标图层相匹配。

⑤“更改为当前图层”按钮：单击该按钮，将选定对象的图层更改为当前图层。

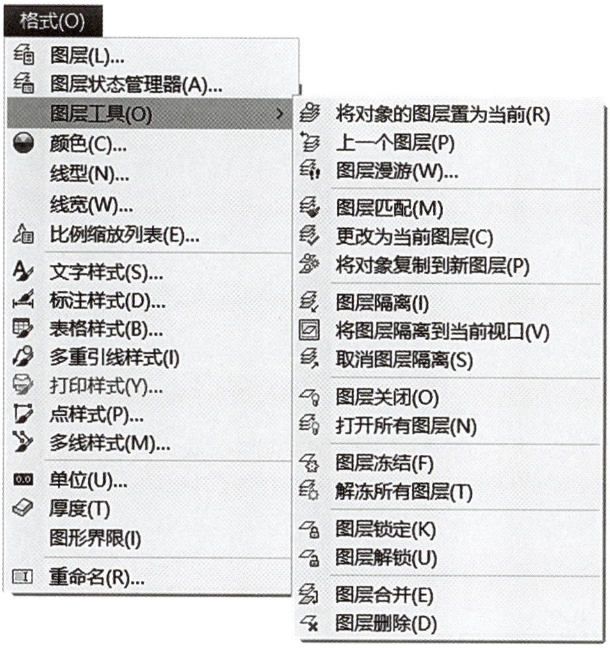

图8-19　图层工具

⑥“将对象复制到新图层”按钮：单击该按钮，将图层复制到不同的图层。

⑦“图层隔离”按钮：隐藏或锁定除选定对象的图层之外的所有图层。

⑧“将图层隔离到当前视口”按钮：冻结除当前视口外的其他所有布局视口中的选定图层。

⑨“取消图层隔离”按钮：单击该按钮，恢复由“图层隔离”命令隐藏或锁定的所有图层。

⑩“图层关闭”按钮：单击该按钮，将选定对象的图层关闭。

⑪“打开所有图层”按钮：单击该按钮，打开图形中的所有图层。

⑫“图层冻结”按钮：单击该按钮，将选定对象的图层冻结。

⑬“解冻所有图层”按钮：单击该按钮，解冻图形中的所有图层。

⑭“图层锁定”按钮：单击该按钮，将选定对象的图层锁定。

⑮“图层解锁”按钮：单击该按钮，将选定对象的图层解锁。

⑯“图层合并”按钮：单击该按钮，将选定图层合并为一个目标图层，并将以前的图层从图形中删除。

⑰“图层删除”按钮：单击该按钮，将删除图层上的所有对象，并永久删除该图层。注意：不能删除当前层。

三、图块和外部参照

（一）参照

图纸引用在CAD中被称为外部参照，外部参照使多专业协同设计成为可能。例如，在一些室内装修项目，有建筑专业人员提供底图，其他人将建筑底图作为外部参照插入自己的图纸中，然后在此基础上绘制家具或专业设备。当建筑专业人员修改底图后，其他各专业人员的底图自动更新。此外，有一些设计单位会规定使用标准的图框，设计人员也喜欢用外部参照的方式插入图中。

1．命令操作过程

简单地说，在AutoCAD中可以将图纸A完整地插入图纸B中，而且，如果对图纸A进行了修改，图纸B中引用的图纸A也自动发生改变。命令启动方式有以下三种：

①菜单："插入"→"DWG参照（R）..."。

②功能区："插入"→"DWG参照（R）..."。

③命令行：输入Attach命令后回车。

执行上述任一种命令之后，启动"选择参照文件"对话框，选择将要插入的DWG文件，单击"打开"按钮，如图8-20所示，弹出"附着外部参照"对话框，如图8-21所示。此对话框跟插入类的对话框类似，有比例、插入点等信息要进行设置，除此之外，外部参照还分附着型、覆盖型，都可以保留默认的，直接点击"确定"按钮，在图中确定图纸的插入点，即可完成外部图纸的插入。

2．外部参照注意事项

当前图纸只是记录了插入图纸的路径信息并引用，没有将插入图纸纳入其中。将图纸A插入图纸B中后，如果需要将图纸B发送给其他工程师，应该连同图纸A一起发送，否则图纸B在找不到图纸A的情况下将不能正常显示。

图纸A作为外部参照图形插入B图纸，如果在A图纸中新画或删除一些图形保存后，并重新打开B图纸时，会发现CAD的右下角会弹出一个气泡提示，重载外部参照。

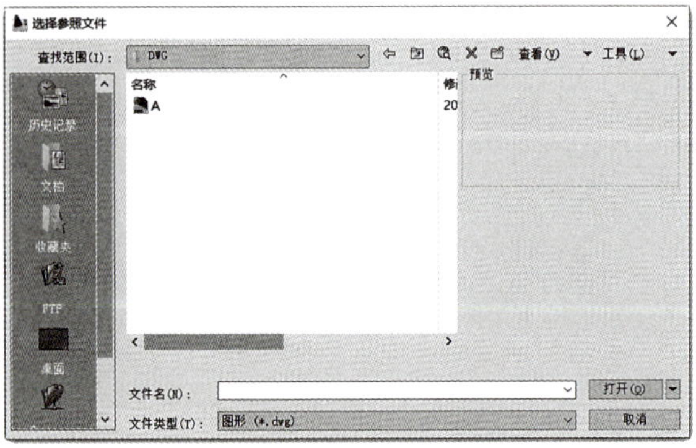

图8-20 "选择参照文件"对话框

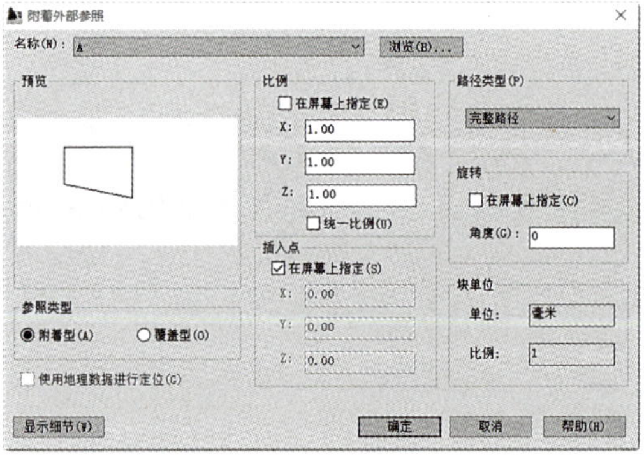

图8-21 "附着外部参照"对话框

（二）块移动

块是一个或多个对象组成的对象集合，常用于绘制复杂、重复的图形。一旦一组对象组合成块，就可以根据作图需要将这组对象插入图中任意指定位置，而且还可以按不同的比例和旋转角度插入。用AutoCAD画图最大优点就是AutoCAD具有库的功能，且能重复使用图形的部件。

1．定义图块

可采用以下几种方法来定义图块：

①选择菜单中的"绘图"→"块"→"创建"命令。

②选择工具中的"绘图"→"创建块"按钮。

③在命令行中输入：“Block”或“Bmake”或快捷键“B”。

输入命令后，AutoCAD弹出如图8-22所示块定义对话框。

各主要选项说明如下：

①“名称”文本框：输入所定义图块的名称。AutoCAD规定图块的名称最多只能有31个字符，可以由英文字母、数字、货币符号、连接符号以及下划线等字符组成。在图块名中不区分大小写；用户所定义的新的图块名不能与已有的图块名相同；用Block或Bmake创建的块只能在创建它的图形中应用。

②“基点”区域：设置块的插入基点位置。用户可以直接在X、Y、Z文本框中输入，也可以单击“拾取点”按钮，切换到绘图窗口并选择基点。一般基点选在块的对称中心、左下角或其他有特征的位置。

③“对象”区域：设置组成块的对象。其中，单击“选择对象”按钮，可切换到绘图窗口选择组成块的各对象；单击“快速选择”按钮，可以使用弹出的“快速选择”对话框设置所选择对象的过滤条件；选择“保留”单选按钮，创建块后仍在绘图窗口上保留组成块的各对象；选择“转换为块”单选按钮，创建块后将组成块的各对象保留并把它们转换成块；选择“删除”单选按钮，创建块后删除绘图窗口上组成块的原对象。

④“方式”区域：设置组成块的对象的显示方式。选择“按统一比例缩放”复选框，设置对象是否按统一的比例进行缩放；选择“允许分解”复选框，设置对象是否允许被分解。

⑤“设置”区域：设置块的基本属性。单击“块单位”下拉列表框，可以选择从AutoCAD设计中心拖动块时的缩放单位；单击“超链接”按钮，将打开“插入超链接”对话框，在该对话框中可以超链接文档。

⑥“在块编辑器中打开”：单击“确定”后，在块编辑器中打开当前的块定义。这样就可以设置块的动态行为，具有动态行为的块可以在插入应用时动态修改块的某些参数值。

◎ 练一练：将图8-23所示金属拉手定义成图块，块名为“金属拉手”。

具体操作如下：

（1）用定义图块的三种方法之中任意一种，打开“块定义”对话框。

（2）在“名称”文本框中输入块的名称：“金属拉手”。

（3）在“基点”选项区域中单击“拾取点”按钮，然后单击图中的圆心，确定基点位置。

（4）在“对象”选项区域中选择“保留”选项，再单击“选择对象”按钮，切换到绘图窗口，选择图8-23所示金属拉手视图，然后按Enter键返回“块定义”对话框。

（5）在“块单位”下拉列表中选择

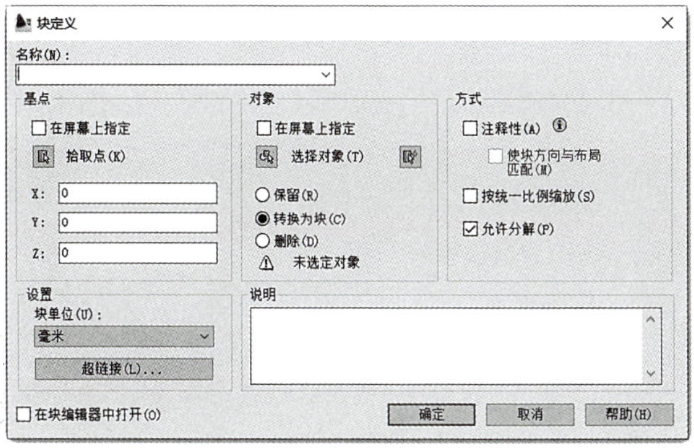

图8-22 块定义对话框

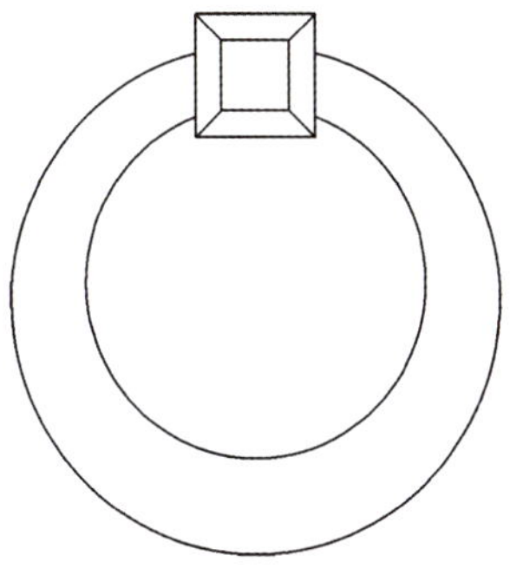

图8-23 金属拉手

“毫米”选项，将单位设置为毫米。

（6）在“说明”文本框中输入有关图块的说明文字，如“金属拉手”。

（7）设置完毕，单击“确定”按钮，保存设置。

2. 将图块保存为图形文件

在AutoCAD中，使用Block创建的块只能在定义它的图形文件中使用，它跟随定义它的图形文件一同保存在图形文件内部。若要使该图块能被其他AutoCAD文件使用，则必须再把它所定义的块保存为图形文件。

使用Wblock命令可以将块以文件的形式写入磁盘，以便其他图形文件可以调用这个块。

在命令提示行中输入Wblock命令，并按Enter键，将打开“写块”对话框，如图8-24所示。在该对话框的“源”选项区域中，可以设置组成块的对象来源，各选项的功能说明如下：

①“块”单选按钮：用于将使用Block命令创建的块写入磁盘，可以在其后的下拉列表框中选择块名称。

②“整个图形”单选按钮：用于将全部图形写入磁盘。

③“对象”单选按钮：用于指定需要写入磁盘的块对象。选择该单选按钮时，用户可根据需要使用“基点”选项区域设置块的插入基点位置，使用“对象”选项区域设置组成块的对象。

在该对话框的“目标”选项区域中可以设置块的保存名称和位置，各选项的功能说明如下：

①“文件名和路径”文本框：用于输入块文件的名称和保存位置，用户也可以单击其后的图形按钮，使用打开的“浏览文件夹”对话框设置文件的保存位置。

②“插入单位”下拉列表框：用于选择从AutoCAD设计中心拖动块时的缩放单位。

3. 插入图块

AutoCAD允许用户将已定义的块插入当前的图形文件中。在插入块时，需确定以下几组特征参数，即要插入的块名、插入点的位置、插入的比例系数以及图块的旋转角度等。

插入图块可采用以下几种方法：

①选择菜单中的“插入”→“块”命令。

②选择工具中的“绘图”→“插入块”按钮。

③在命令行中输入：“Insert”或快捷键“I”。

输入命令后，AutoCAD弹出如图8-25所示“插入”对话框。

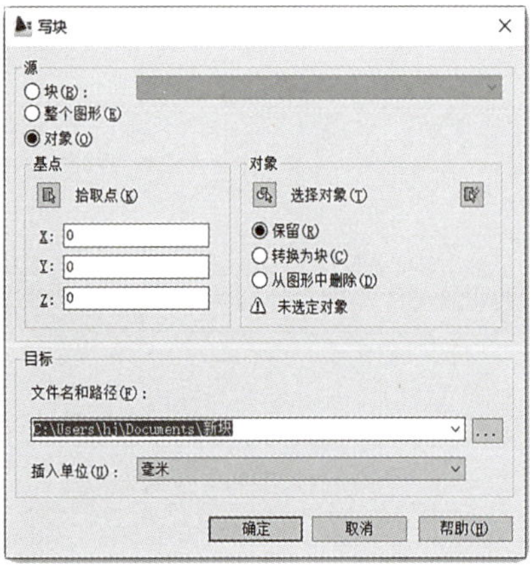

图8-24“写块”对话框

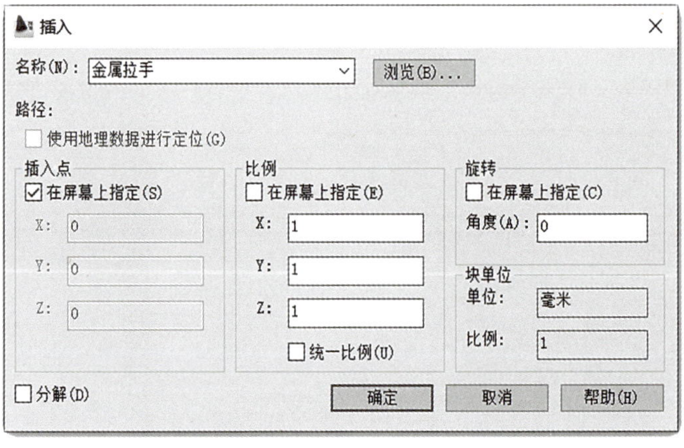

图8-25“插入”对话框

主要选项的功能说明如下：

①“名称”下拉列表框：用于选择块或图形的名称。也可以单击其后的“浏览”按钮，打开“选择图形文件”对话框，选择保存的块和外部图形。

②“插入点”选项区域：用于设置块的插入点位置。插入点是块插入的基准点，块插入后，图形中参考点和基准点重合。可直接在X、Y、Z文本框中输入点的坐标，也可以通过选中“在屏幕上指定”复选框，在屏幕上指定插入点位置。

③“比例”选项区域：用于设置块的插入比例。可直接在X、Y、Z文本框中输入块在3个方向的比例，也可以通过选中“在屏幕上指定”复选框，在屏幕上指定。此外，该选项区域中的“统一比例”复选框用于确定所插入块在X、Y、Z这3个方向的插入比例是否相同，选中时表示比例将相同，用户只需在X文本框中输入比例值即可。

④“旋转”选项区域：用于设置块插入时的旋转角度。可直接在“角度”文本框中输入角度值，也可以选择“在屏幕上指定”复选框，在屏幕上指定旋转角度。

⑤“分解”复选框：选择该复选框，可以将插入的块分解成组成块的各个基本对象。

◎ 练一练：如图8-26所示，将前面所建立的“金属拉手”图块插入图中，注意A为原图块，B图形是A图形的50%，而且旋转30°。

具体操作如下：

（1）使用“插入图块”三种方法中的任意一种，打开“插入”对话框。

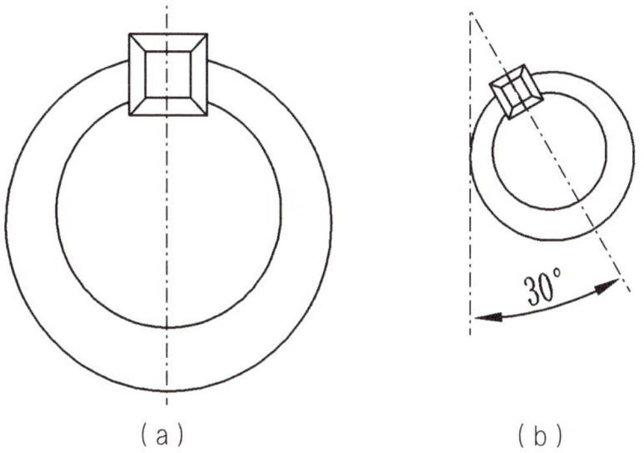

图8-26 “金属拉手”图块

（2）在“名称”下拉列表框中选择“金属拉手”。

（3）在“插入点”选项区域中选中“在屏幕上指定”复选框。

（4）在“比例”选项区域中选中“统一比例”复选框，并在X输入框中输入0.5。

（5）在“旋转”选项区域的“角度”文本框中输入30，然后单击“确定”按钮。

（6）单击绘图窗口中需要插入块的位置，得到B图形。

四、视图与视口

按一定比例、观察位置和角度显示的图形称为视图。视口是显示视图的窗口，一个视图可划分为若干视口。在AutoCAD绘图过程中，常常需要对视图和视口变换，以便精确绘图。视图和视口命令用来显示、控制视图和视口，常用的有命名、平铺、缩放、平移等。

（一）视图

在绘图过程中，有时用户想看到整个图纸的小部分或者只想放大其中的某一部分，这时就可以利用ZOOM命令对视图进行大小调整。

（1）视图的缩放。可采用以下方法进行视图的缩放：

①滚动鼠标的中键。

②选择菜单中的“视图”→“缩放”命令。

③在命令行中输入：“ZOOM”或快捷键“Z”。

输入命令后，会出现以下提示：

指定窗口的角点，输入比例因子（nX或nXP），或者

[全部(A)/中心(C)/动态(D)/范围(E)/上一个(P)/比例(S)/窗口(W)/对象(O)] <实时>:

主要选项说明如下:

①“指定窗口的角点，输入比例因子(nX或nXP)”：直接指定窗口的一个角点，可以直接在屏幕上指定一点，回车后，会提示用户指定“对角点”，这时用户可以指定想要缩放的视图部分的对角点，实际上这样的操作也相当于下面的“窗口(W)”选项；如果直接输入缩放系数，则相当于下面的“比例(S)”选项。

②“全部(A)”：输入“A”，回车，则全部的图形及图形界限区将显示在屏幕上。

③“中心(C)”：缩放显示由中心点和放大比例(或高度)所定义的窗口。高度值较小时提高放大比例，高度值较大时降低放大比例。

④“动态(D)”：动态缩放，屏幕切换到虚拟显示屏状态。

⑤“范围(E)”：最大地显示整个图形。

⑥“上一个(P)”：恢复上一次显示的图形。

⑦“比例(S)”：输入数值作为缩放系数的方式缩放图形。

⑧“对象(O)”：将尽可能大地显示用户所选定的对象，并使所选定的对象位于屏幕显示的中心。

⑨“实时”：该项为缺省选项，表示实时缩放。直接回车，屏幕上会出现放大镜标记；若按住并拖动鼠标左键，将使图形在屏幕上实时缩放。

(2)视图的平移。视图平移实际上只是将图形移动至合适的位置，既不放大，也不缩小。调用该命令可用如下方法:

①选择菜单中的“视图”→“平移”命令。

②选择工具栏中的“标准”→“实时平移”按钮。

③在命令行中输入:“PAN”或快捷键“P”。

④按住鼠标中键拖动。

(二)视口

在绘图时，为了方便编辑，常常需要将图形的局部进行放大，以显示细节。当需要观察图形整体效果时，仅使用单一视口已无法满足要求了。此时，可使用视口功能将整个绘图窗口划分为若干视口。

视口是把绘图窗口分成多个矩形区域，从而创建多个不同的绘图区域，每个区城可以用来查看视图的不同部分。在AutoCAD中，可以同时打开多达32000个视口，屏幕上还可保留菜单栏和命令提示窗口。可以在模型空间和布局空间上创建和管理视口。“视口”菜单栏命令如图8-27所示。

当打开一个新图形时，默认情况下，将用一个单独视口填满模型空间的整个域。而当系统变量TIMEMMODE被设置为1时，就可以将屏幕的绘图区城分割成多个视口。在AutoCAD中，视口具有以下特点:

(1)每个视口都可以平移和缩放，并可以设置捕捉、栅格和用户坐标系等，且都可以有独立的坐标系统。在命令执行期间，可以切换视口，以便在不同的视口中绘图。

(2)可以命名视口的配置，以便在模型空间中恢复视口或者应用到布局。

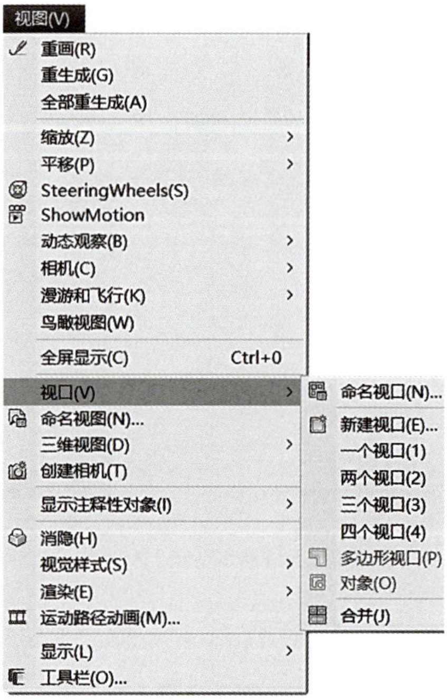

图8-27“视口”菜单栏命令

（3）当在平铺视口中工作时，可全局控制所有视口中的图层可见性。如果在平铺视口中关闭了某一图层，系统将关闭所有视口中的相应图层。

1. 创建平铺视口

可通过下列方法激活该命令：

①执行“视图”→“视口”→“新建视口”命令。

②在“视口”工具栏中单击“显示视口对话框”按钮。

③在命令行中输入VPORTS后按回车键。

打开的“视口”对话框如图8-28所示。使用“新建视口”选项卡可以显示标准视口配置列表，创建并设置新的平铺视口。

该选项卡包括以下选项：

①“新名称”文本框：设置新建的平铺视口的名称。

②“标准视口”列表框：用于显示标准视口配置。

③“预览”选项组：显示所有视口配置以及赋予每个视口默认视图的预览图像。

④“应用于”下拉列表框：设置所选视口配置是用于整个显示屏幕还是当包括“显示”和“当前视口”两个选项。其中，“显示”选项是设置所选的视口配置用于模型空间中整个显示区域，为默认选项；“当前视口”选项是设置将所选配置用于当前视口。

⑤“设置”下拉列表框：指定2D或3D设置。如果选择2D选项，则使用当前视图来初始化视口配置；如果选择3D选项，则使用正交视图来配置视口。

⑥“修改视图”下拉列表框：选择一个视口配置来代替已选择的视口配置。

在“视口”对话框中，使用“命名视口”选项卡可以显示视图中已命名配置。当选择一个视口配置以后，配置的布局情况将显示在预览窗口中，如图8-29所示。

2. 分割与合并视口

在AutoCAD中，选择“视图”→“视口”菜单的子命令，可以在不改变视口显示的情况下，分割与合并当前视口。例如，选择“视图”→“视口”→“一个视图”命令，可以将当前视口扩大到充满整个绘图窗口；选择“视图”→“视口”→“两个视图”或“四个视图”命令，可以将当前视口分割为2个、3个、4个视图。又例如，选择“视图”→“视口”→“合并”命令，系统要求选定一个视口作为主视口，选择一个相

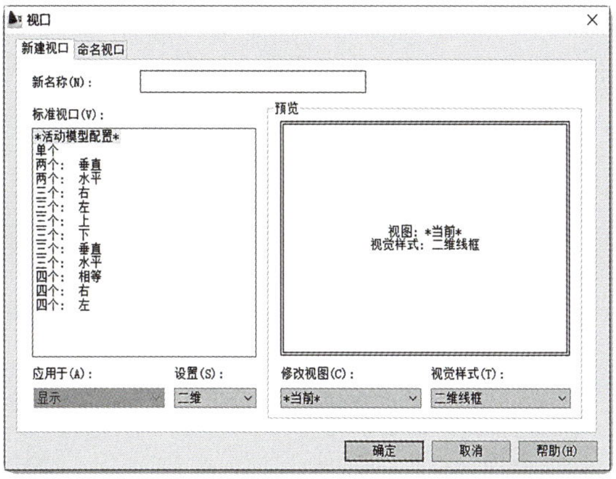

图8-28“视口”对话框

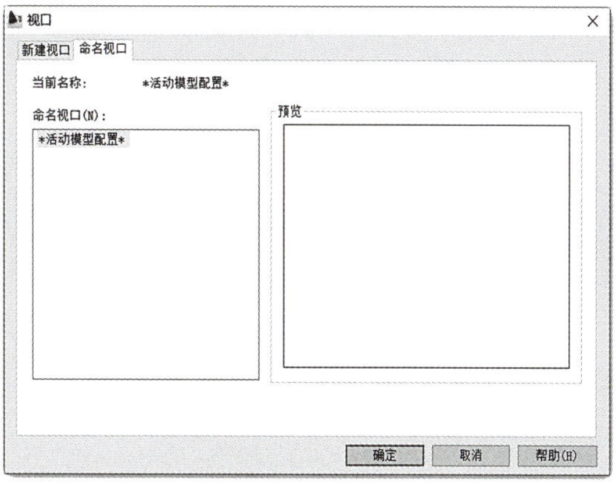

图8-29“命名视口”选项卡

邻视口，就会将该视口与主视口合并。

五、图形输出

图形绘制完成后，需要打印在图纸上。有两种输出形式：将图形打印在图纸上或者创建成文件供其他应用程序使用。图形的打印与输出是AutoCAD的一个重要环节。

（一）布局

1. 模型空间和图纸空间

AutoCAD存在两个工作空间，即模型空间和图纸空间，以满足用户绘图、打印及出图的需要，它们分别用“模型”和“布局”选项卡来表示。

模型空间是完成绘图和设计工作的空间，在模型空间中进行绘图、建模、标注等工作。在模型空间中通常默认就一个视口进行绘制图形，当然也可以创建多个视口，以展示图形的不同方向的视图。

“布局”选项卡下面有模型空同和图纸空间，用处不同。布局的模型空间等同于平时绘图用的模型空间。而布局的图纸空间是用来安排打印图纸的。所谓“布局”，就是在打印的图纸上安排各个图形的相对位置（布局）。在图纸空间绘图，没有三维性质，也不会保存在模型空间里。虽然多数绘图命令在图纸空间也可以使用，但是用途有些区别。例如，在图纸空间绘制的图框、标题栏就不会显示在模型空间里。也就是说，用户在图纸空间添加的对象在模型空间是不可见的。在图纸空间中，视口被作为对象来看待，可用AutoCAD的标准命令对其进行编辑。每个视口中的视图可以设置成不同的比例，在当前视口中冻结和解冻特定的图层。

在点击“布局”标签后，可以按以下方式在图纸空间和模型空间之间切换：

（1）鼠标双击视口内部，进入布局下的“模型空间”，此时视口边缘变粗，在视口外部双击，就退出模型空间，返回图纸空间。

（2）通过状态栏上的“模型或图纸空间”切换按钮来切换在“布局”标签下的模型空间和图纸空间。当通过此方法由图纸空间切换到模型空间时，最后活动的视口成为当前视口。

在AutoCAD中，可以有多个“布局”选项卡，可以创建多种布局，每个布局都代表一张单独的打印输出图纸，可以用布局处理单份或多份图纸。创建一个或者多个不同打印布局后，每个打印布局中能够定义不同视口，各个视口可用不同的打印比例。

2. 创建布局

（1）使用布局向导创建布局。选择菜单“工具”→“向导”→“创建布局”命令，打开“创建布局”向导，按照提示一步一步去完成就行了。此方法虽然易于理解接受，但操作起来比较烦琐，一般不建议采用这种方法。

（2）用右键快捷菜单创建、修改或重命名布局。在模型标签或已有布局标签上按鼠标右键，选择“新建布局”，可以创建一个新布局，再对新布局进行设置修改，插入所需要的图框标题栏。当然，如果已经在模型空间里将家具不同零部件的三视图和不同比例的图框标题栏完整绘制出来，则仅对新布局进行设置修改，不用插入图框标题栏，下面用实例来介绍这种方法。

◎ 练一练：创建“扶手椅”布局，如图8-30所示。

具体操作步骤如下：

（1）新建布局。在模型标签或已有布局标签上按鼠标右键，在弹出的快捷菜单中单击“新建布局”，可得到一个自动命名为“布局3”的新布局，也可以利用此快捷菜单删除、移动或复制布局。也可以不用新建布局，直接在默认的“布局1”或“布局2”上按鼠标右键，从快捷菜单上选择“重命名”，将布局重命名为“扶手椅”，则下面的步骤（2）可以省略。

（2）重命名布局。在新建的布局标签上按鼠标右键，从快捷菜单上选择“重

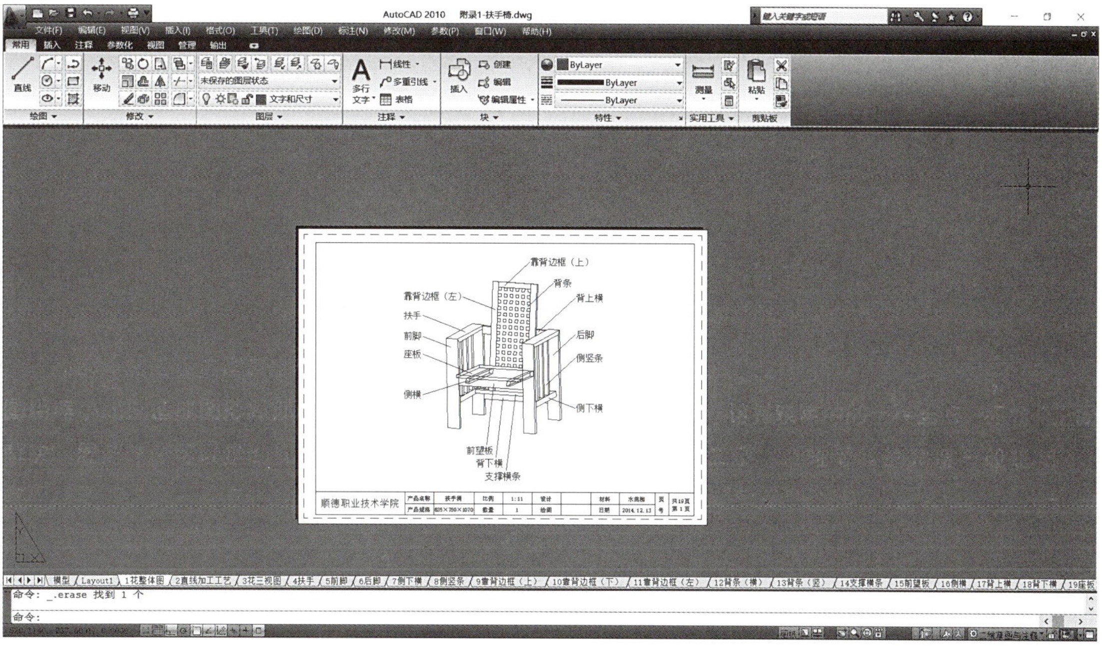

图8-30“扶手椅”布局

命名”，将布局重命名为“扶手椅”。

（3）对“扶手椅”布局进行页面设置。在“扶手椅”标签上按鼠标右键，在弹出的快捷菜单中选择“页面设置管理器...”，在打开的对话框中选择“扶手椅”后按“修改”按钮，得到如图8-31所示“页面设置-扶手椅”对话框。这里要特别注意：要先删除原视口，具体操作是点击“扶手椅”标签，选择实线矩形框，并按Delete键，删除原视口。打开的“页面设置-扶手椅”对话框中主要选项的功能说明如下：

①“打印机/绘图仪”选项区域：指定打印机的名称、

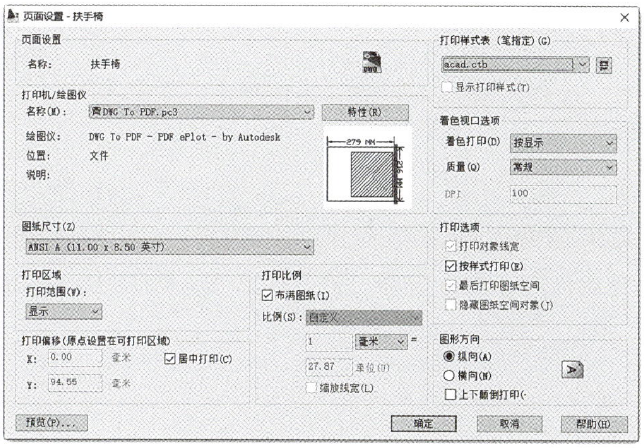

图8-31“页面设置-扶手椅”对话框

位置和说明。在“名称”下拉列表框中，可以选择当前配置的打印机。如果要查看或修改打印机的相关信息，可单击“特性”按钮，在弹出如图8-32所示的“绘图仪配置编辑器”对话框中进行设置，比如修改打印纸尺寸、可打印区域等。

②“打印样式表”选项区域：为当前布局指定打印样式表。打印样式表用于控制图纸的打印样式，如可将不同颜色的线打印出不同的粗细、将所有的颜色线全部打印成黑色等。当在下拉列表框中选择一个打印样式后，单击旁边的“编辑”按钮，可以使用打开如图8-33所示的“打印样式表编辑器”对话框，查看或修改打印样式，也可以选择下拉列表框中的“新建”选项来新建一个打印样式表。一般来说，要将图形的各种颜色以黑色打印出来，通常选用monochrome.ctb样式，建议在家具制图中选用这种样式。如果要按图面显示的颜色打印，选择“无”样式即可。

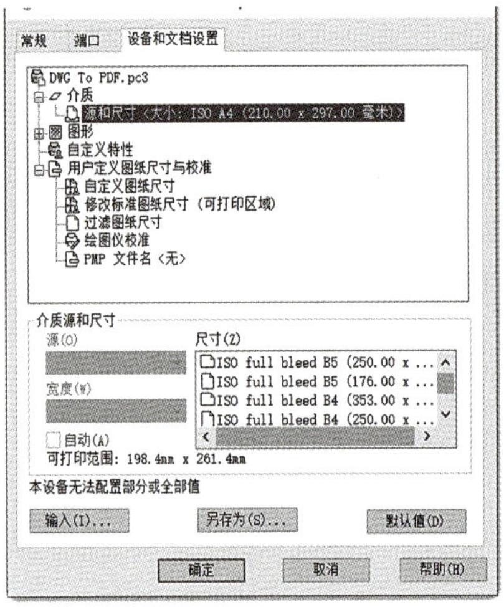

图8-32“绘图仪配置编辑器”对话框

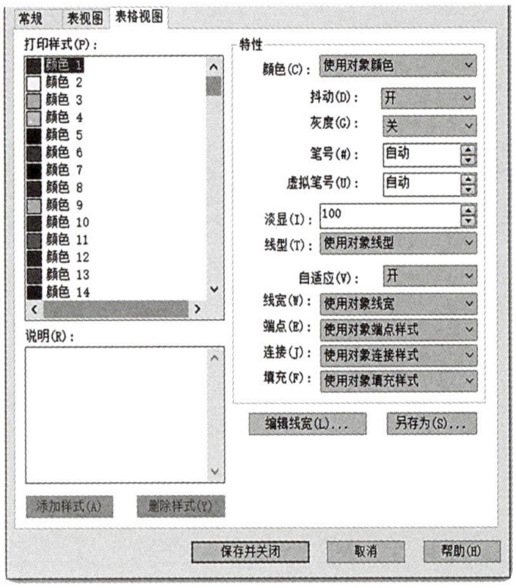

图8-33“打印样式表编辑器”对话框

③“图纸尺寸”选项区域：指定图纸的尺寸大小。在家具制图中，一般选择标准A4图纸，尺寸为297mm×210mm。

④“打印区域”选项区域：设置布局的打印区域。在“打印范围”下拉列表框中，可以选择要打印的区域，包括布局、窗口、范围和显示。默认设置为布局，表示针对“布局”选项卡打印图纸尺寸边界内的所有图形。

⑤“打印比例”选项区域：设置打印比例。在打印比例下拉列表框中可以选择标准缩放比例，或者输入自定义值，布局空间的默认比例为1：1。

⑥“图形方向”选项区域：指定图形方向是横向还是纵向。“反向打印”复选框，可以指定图形在图纸页上倒置打印，这些设置效果可在旁边的预览区域中预览到。

（4）插入图框。经过前三个步骤后，已得到一张名为“扶手椅”的空白页面，空白页面四周的虚线表示可打印区域，只有打印区域内的图形才能被打印。选择菜单“插入”→“块…”命令，插入名为“A4标准图框”的图块，放在打印区域内合适的位置。

（5）新建视口。视口要放在一个图层上，方便需要时关闭视口线。选择菜单栏“视图”→“视口”→“多边形视口”命令，按提示依次点取图框的内边线各顶点，得到一个连线与图框内边线重叠的多边形视口，用户还可以创建多个不同形状的视口。视口是一个对象，可以像AutoCAD的其他对象一样进行调整、移动、删除等操作。这里要特别说明的是：如果在模型空间绘制家具图时已带有图框标题栏，则新建视口时，选择菜单栏“视图”→“视口”→“一个视口”命令，再按回车，默认“布满”。

（6）设置视口中图形的打印比例。在视口中双击或单击状态栏上的“模型或图纸空间”按钮，以激活视口，进入浮动模型空间。在浮动模型空间中，可像在模型空间中一样，绘制图形、修改图形、对视图进行缩放等。通过状态栏上的“视口比例”可以选择或者直接输入合适的打印比例。由于在浮动模型空间状态下缩放图形会影响视口中图形的打印比例，所以如果希望锁定视口的打印比例，则可单击状态栏上的“锁定/解锁视口”按钮，将视口锁定。

特别提醒布局中的几个特殊控制：

（1）不打印视口线的两种办法。隐藏视口线图层或者将视口线的颜色设置为255号，在打印时是无色的。

（2）Psltscale变量控制图纸空间的线型比例。设为0时，无特殊线型比例，按LTSCALE命令设置的全局比例因子进行缩放，模型中的虚线长度与视口中的虚线长度一样；设为1时，视口比例决定线型比例。

（3）视口中图层的控制如果仅需要在当前视口不打印某一图层，如在当前视口不打印标注尺寸层，具体设置方法为双击当前视口，进入图纸空间中的模型空间（一定要进入视口里，否则无法对当前视口图层控制），打开图层特性管理器，选中要在当前视口中冻结的图层，在“在当前视口中冻结”，这样就可以达到只在当前视口冻结图层的目的，而不影响其他视口，也不影响模型空间图层的冻结。这一功能对于一个文件要打印出几种不同表现图来说非常有用，要比打印一次冻结某层再冻结其他层再打印来说方便多了。

3. 管理布局

右击“布局”标签，使用弹出的快捷菜单中的命令，可以删除、新建、重命名、移动或复制布局，也可以通过“页面设置管理器”重新设置布局页面。

（二）图形输出

图形既可以打印在纸上，也可用其他格式输出文件，便于交流学习。

1. 在模型中打印图形

在模型中打印图形指的是在模型空间绘制家具图时已带有图框标题栏，那么就直接选择菜单栏“文件”→“打印...”命令或者按下Ctrl+P，弹出如图8-34所示“打印-模型”对话框，其内容与图8-31“页面设置”对话框中的内容基本相同。建议在“打印偏移”选项区域中，勾选“居中打印”选项。这里需要注意的是，由于已经绘制好了家具图并将图框标题栏按合适的比例放好，所以在“打印区域”选项区域下的“打印范围”下拉列表框中，推荐选择“窗口”，然后选择要打印的包含图框标题栏的家具图。同时，在“打印比例”选项区域下的“比例”下拉列表框中选择或者输入真正的打印比例值。“预览”按钮可以让用户在打印输出图形之前预览输出结果，以检查设置是否正确。退出预览，回到“打印-模型”对话框，然后单击“确定”按钮，图纸就打印成功了。

2. 在布局中打印图形

创建并设置好布局就可以打印图形了。要打印创建好的布局，只要右击“布局”标签，在弹出的快捷菜单中选择“打印”命令，同样弹出“打印”对话框，其内容与图8-31“页面设置”对话框中的内容基本相同，直接单击“确定”按钮，图纸就打印成功了。

3. 以其他格式输出文件

除了打印输出图纸外，AutoCAD还可以输出其他很多种格式，常见的有WMF文件、光栅文件、PDF文件、DWF文件等类型，具体操作详见AutoCAD联机帮助文件。

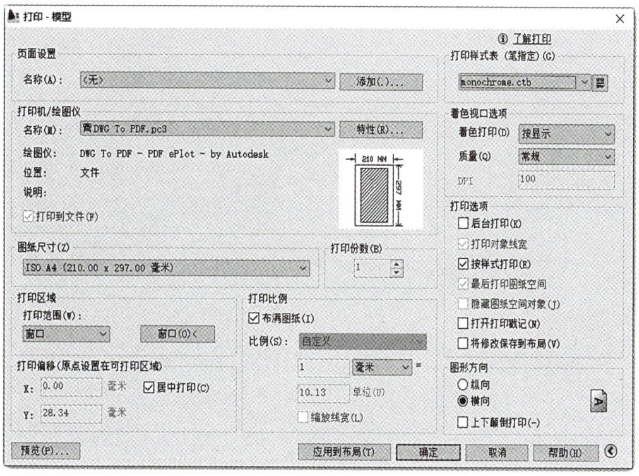

图8-34“打印-模型”对话框

课后拓展

一、知识拓展

1. 点评扶手椅三视图

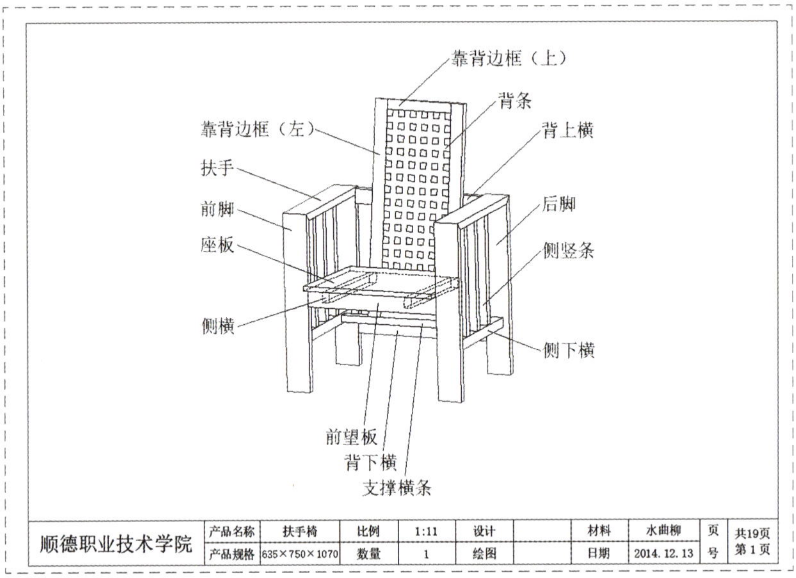

图8-35 扶手椅三视图

2. 点评花枝异展（椅）三视图

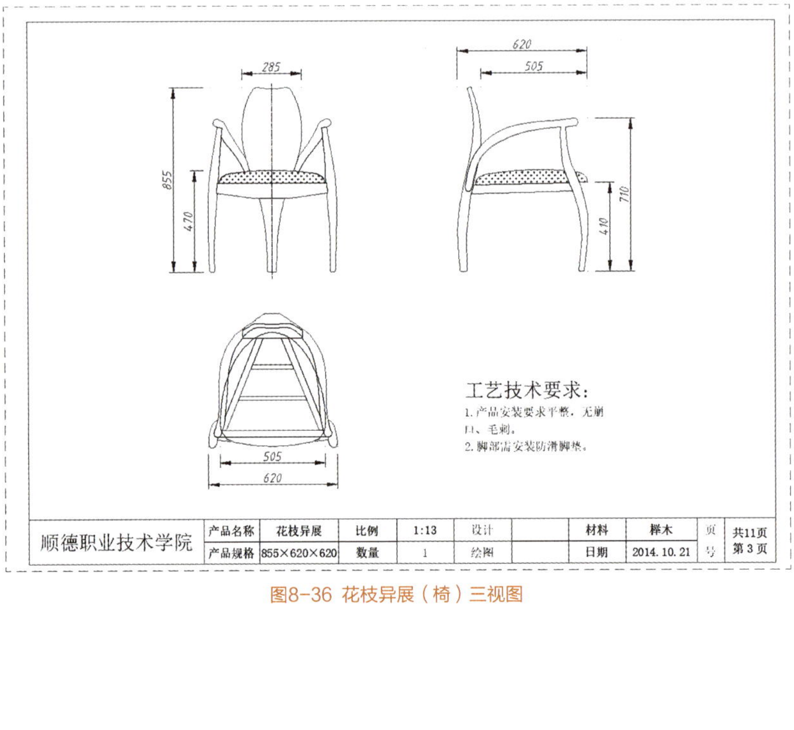

图8-36 花枝异展（椅）三视图

二、绘图设置与图形输出的系列问题

（1）如何创建文字样式？
（2）标注包括哪些类型？
（3）如何进行快速标注？
（4）外部参照和块的区别有哪些？
（5）如何编辑块属性？
（6）图形输出图片有哪些格式？
（7）浮动视口有哪些特点？

三、家具装配图讲解

家具装配图可扫描下方二维码了解。

家具装配图

参 考 文 献

[1] 工业和信息化部. 家具制图[S]. 北京: 中国轻工业出版社, 2013.

[2] 潘速圆. 家具制图与木工识图[M]. 北京: 高等教育出版社, 2009.

[3] 周雅南. 家具制图: 第2版[M]. 北京: 中国轻工业出版社, 2016.

[4] 朱毅, 杨永良. 室内与家具设计制图(含习题集)[M]. 北京: 科学出版社, 2011.

[5] 刘亚兰. 家具识图[M]. 北京: 化学工业出版社, 2009.

[6] 王明刚. 实木家具制造技术[M]. 北京: 中国轻工业出版社, 2018.

[7] CAD/CAM/CAE技术联盟. AutoCAD2016中文版家具设计自学视频教程[M]. 北京: 清华大学出版社, 2017.

[8] CAD/CAM/CAE技术联盟. AutoCAD2018中文版家具设计从入门到精通[M]. 北京: 清华大学出版社, 2018.

[9] 周冰, 贾红丽, 劝晖. AutoCAD2006中文版完全实例教程[M]. 北京: 机械工业出版社, 2005.

[10] 蒋晓. 中文版AutoCAD2006机械设计实例培训教程[M]. 北京: 机械工业出版社, 2006.

[11] 李磊, 李雪. 中文版AutoCAD2006三维图形设计[M]. 北京: 清华大学出版社, 2006.

[12] 周积雷. AutoCAD2006培训教程: 第3版[M]. 上海: 上海交通大学出版社, 2005.

[13] 尹湘雄, 苏宇刚, 李士良. 中文版AutoCAD2006基础教程与操作实录[M]. 北京: 清华大学出版社, 2006.